故宮裏的大怪獸

MONSTERS IN THE FORBIDDEN CITY

③ 貔貅嚮往的世界

常怡 ✻ 著

中華教育

故宮裏的大怪獸 ❸

 貔貅嚮往的世界

常怡／著
廖廖鹿／繪

責任編輯　梁潔瑩
裝幀設計　陳淑娟
排　　版　陳先英
地圖繪製　蔣和平
印　　務　劉漢舉

出版 **中華教育**

香港北角英皇道四九九號北角工業大廈一樓B
電話：（852）2137 2338
傳真：（852）2713 8202
電子郵件：info@chunghwabook.com.hk
網址：http://www.chunghwabook.com.hk

發行 **香港聯合書刊物流有限公司**

香港新界大埔汀麗路三十六號
中華商務印刷大廈三字樓
電話：（852）2150 2100
傳真：（852）2407 3062
電子郵件：info@suplogistics.com.hk

印刷 **美雅印刷製本有限公司**

香港觀塘榮業街六號海濱工業大廈四樓A室

版次 **2020年1月第1版第1次印刷**

©2020 中華教育

規格 **32開（210mm×153mm）**

ISBN **978-988-8674-66-4**

本書主角

李小雨

十一歲，小學五年級。因為媽媽是故宮文物庫房的保管員，所以她可以自由進出故宮。意外撿到一枚神奇的寶石耳環後，發現自己竟聽得懂故宮裏的神獸和動物講話，與怪獸們經歷了一場場奇幻冒險之旅。

梨花

故宮裏的一隻漂亮野貓，是古代妃子養的「宮貓」後代，有貴族血統。她是李小雨最好的朋友。同時她也是故宮暢銷報紙《故宮怪獸談》的主編，八卦程度讓怪獸們頭疼。

楊永樂

十一歲，夢想是成為偉大的薩滿巫師。因為父母離婚而被舅舅領養。舅舅是故宮失物認領處的管理員。他也常在故宮裏閒逛，與殿神們關係不錯，後來與李小雨成為好朋友。

角樓

貞順門

神武門

角樓

御景亭

位育齋

延輝閣

欽安殿

御花園

鍾粹宮　景陽宮

儲秀宮

翊坤宮

永壽宮

太極殿

養心殿

體元殿

諧芳園

建福宮花園

中正殿舊址

寶華殿

英華殿

中正殿

雨花閣

西三所

慈寧宮花園

壽康宮

慈寧宮

城隍廟

延禧宮

景仁宮

齋宮

奉先殿

珍寶館

養性殿

寧壽宮

景運門

箭亭

乾清門

乾清宮

坤寧宮

交泰殿

保和殿

中和殿

故宮怪獸地圖

東華門

角樓

清史館

南三所

傳心殿

文華殿

金水河

太和殿

弘義閣

太和門

金水橋

午門

內務府

武英殿

臨溪亭

西華門

角樓

角樓

角色檔案

蟠（pán）龍

因為沒能成功升天，只能藏在水中生活的龍。沒有長角，地位很低，卻因為出租名字的生意搖身一變，成為高貴的龍類。

白猿

猿猴修煉八百年才能成為白猿，也就是渾身雪白的猴子。「畫琺瑯白猿獻壽圖攢盒」在故宮展覽時，上面的白猿弄丟了自己守護近三百年的蟠桃，於是來找李小雨幫忙。

角色檔案

貔貅（pí xiū）

有一張可以吞下鯨魚的大嘴，圓鼓鼓的腦袋像蟬，身體則像麒麟。喜歡吃金銀財寶，只進不出。傳說「雄為貔，雌為貅」——貔喜歡站在高處遠眺，脾氣差；貅常常是慈母，善於招財。

英招（sháo）

守護天帝花園的神獸。他長着人頭、馬身，渾身長有斑紋，背上有一對碩大的翅膀。為了追回從崑崙山逃跑的萬年蟾蜍，第一次來到了故宮。

角色檔案

南極老人

南極星的化身，是壽星仙人。聖誕節前夜出現在故宮，被李小雨和小動物們誤當成了來送禮物的聖誕老人。

孔雀

被認為是擁有高尚品德的神鳥，代表着天下的文明和修養。而孔雀膽則被稱為「天下第一毒藥」，傳說御藥房裏就藏着這種「毒藥」。

角色檔案

芒童

春神在立春時節經常會變成一個趕着耕牛的小孩，叫芒童。他來到延慶殿的院子裏，播下春天的種子。今年他的耕牛病了，只有請李小雨和楊永樂幫忙了。

角端

怪獸中的博士，能日行一萬八千里，通曉所有國家的語言，總是捧着書護衛在皇帝的旁邊。楊永樂丟失洞光寶石耳環以後，角端給予了他特別的幫助。

目　錄

1 出租名字的怪獸 …………………… 11

2 二十年後的李小雨 …………… 24

3 白猿尋桃記 ………………………… 42

4 貔貅嚮往的世界 …………………… 54

5 神鼎 ………………………………… 66

6 南極老人的聖誕節 ……………… 81

7 天下第一毒藥 ……………………… 96

8 誰也看不見的宮殿 …………… 108

9 叫「傾城」的花 ………………… 125

10 洞光寶石丟失後 …………… 139

1
出租名字的怪獸

今天我放學早，回到故宮時，看到到處都擠滿了遊客。

我背着書包路過太和殿，聽到一位老大爺隔着圍欄讚歎：「這上面的蟠龍藻井金閃閃的可真氣派。」

「聽說蟠龍有靈性呢，如果下面寶座上坐的不是真龍天子，蟠龍口中的軒轅鏡就會掉下來，把寶座上的人砸死。」旁邊的人搭話。

「嘖嘖，怪不得，怪不得呢。」老大爺不住地點頭。

沒走兩步，我又聽見一個舉着小黃旗的導遊用擴音喇叭說：「⋯⋯寶座兩旁，大家可以看到六根高大的蟠龍金柱，上面金色的蟠龍活靈活現⋯⋯」

「又是蟠龍！」我想。

真的，最近這段時間，我經常聽到這個怪獸的名字。

兩天前，在珍寶館門口也有人說甚麼「蟠龍紋的白玉瓶」……故宮裏這個怪獸還真是無處不在啊！

可是，為甚麼我在故宮待了這麼久，參加了好幾次怪獸們的聚會，卻從來沒見過這個怪獸呢？就連社稷神那麼重要的晚宴他都沒出現過。難道，他是一個喜歡安靜的怪獸，所以從不露面？還有比椒圖更喜歡安靜的怪獸嗎？

我不禁輕輕咬了咬嘴脣，好奇地想啊想。

在故宮裏尋找一個隱居的怪獸，還有甚麼事情比這更有意思呢？我恨不得立刻丟下書包，開始一場冒險。向誰去打聽蟠龍呢？怪獸領袖龍大人，還是怪獸博士角端？或者野貓梨花？一直到吃晚飯，我都在琢磨這件事。

黃昏時，我被媽媽打發去故宮外面的超市買東西。經過太和殿時，聽到坐在房簷上的騎鳳仙人衝我喊「你好」，我連忙跑過去問：「仙人，你認識蟠龍嗎？」

「蟠龍？」騎鳳仙人一愣，然後像剛從夢中醒來似的說，「啊，你說蟠龍啊！認識是認識，不過我有好一陣子沒見到他了。你怎麼突然問起他？」

「最近總聽見有人把他掛在嘴邊。」我回答，「可是我怎麼從來沒在故宮裏見過他呢？」

「你最好不要見到他。」騎鳳仙人一臉輕蔑的神情，「那傢伙就知道做生意，所以在怪獸中的名聲不太好。」

「做生意？」我有些意外，好奇地問，「他都做些甚麼生意？」

騎鳳仙人沒好氣地說：「都是些見不得人的生意，龍大人對這件事很生氣，不是一般的生氣。不過那也沒辦法，從來沒有規定說怪獸不能做生意，所以蟠龍不算違反規定。」

他這麼一說，我更好奇了。

「你知道蟠龍住在哪兒嗎？」

「你算是問對人了！」騎鳳仙人壓低聲音說，「故宮裏除了那幾隻麻雀、烏鴉外，估計只有我知道他住在哪兒。」

「住在哪兒？」我靠近他。

「你是要去超市嗎？」騎鳳仙人看看我手裏的購物袋，突然轉換了話題。

我莫名其妙地點點頭答：「是的，媽媽讓我去買東西。」

「能幫我帶包薯片嗎？要番茄味的，最近做夢都夢到那個味道。」他舔了舔嘴脣說，「錢你先幫我墊上，我最近手頭有點兒緊……」

「好吧。」我點點頭說，「快告訴我蟠龍住在哪兒！」

「晚上八點，你到御花園東南角那棵龍爪槐樹下去找，

他準在那兒。」他囑咐說，「千萬別去太晚了，他在那裏不會待太久。」

「謝謝了！」我跳了起來。

「你一會兒還從這兒經過吧？」騎鳳仙人不放心地問，「可別忘了我的薯片。」

「不會忘的！」我猛跑起來，今天我一定要把蟠龍這個怪獸查個水落石出。

把番茄味薯片送給騎鳳仙人，又把超市買的東西送回媽媽的辦公室，我跑到御花園那棵老龍爪槐前的時間恰好是八點零一分。

騎鳳仙人說的沒錯，高大的龍爪槐下，一個青黑色的怪獸正趴在那裏。他的樣子有些像龍，卻沒長龍鱗，也沒長龍角，長長的身體像蟒蛇一樣有暗色的花紋。我有些奇怪，他和太和殿藻井裏、柱子上的金龍長得一點兒都不像。

他本來盤着身體，懶懶地靠在槐樹粗大的樹幹上，但一看見我，突然熱情洋溢地唱了起來：「蟠龍，多麼響亮的名字！它將讓您的產品光彩奪目，充滿皇家氣派！」這兩句歌詞，他連續唱了三遍。

過了一會兒，他才像剛醒過來似的，不好意思地衝我笑了笑：「哈哈，別奇怪，我已經形成條件反射了。您是我這個月的第一位客人。」

說着，他把尾巴往裏面挪了挪，好讓我能夠離他更近。

我往前走了一步，說：「我是來⋯⋯」

我的話還沒說完，他就已經開始點頭了：「我知道，我知道，我當然知道您是來找我幹甚麼的。怎麼說我也是個神獸嘛。」

「你知道？」我有點兒意外。

「您是做甚麼生意的？」他問，「別怪我好奇，像您這種年齡的顧客，我還是第一次碰到。」

「我不做生意。」我回答，「我還在上小學。」

「啊！那我明白了。您租名字是想送給寵物？還是想給您新買的鉛筆盒命名？」他說話時努力使嗓音顯得悅耳動聽，但實際上發出的聲音既緩慢又低沉。

我撓撓頭：「租名字？甚麼意思？」

這回輪到蟠龍吃驚了。

「您來找我不是為了租名字嗎？難道還有別的需求？」蟠龍堅決地搖搖頭說，「除了出租名字以外，別的生意我可不做。以前也有顧客提起過，像甚麼潛水啊，拍藝術照之類的，都太有損我的身份了。」

出租名字？這樣的生意我可是第一次聽說。

「那你出租甚麼名字呢？」

「還能有甚麼名字？我只有一個名字，那就是『蟠

龍』！」他皺起眉頭問，「難道您不是來找我租名字的？那您來這裏幹嗎？」

「我……我是來拜訪你的。」

「拜訪？你是誰？」蟠龍警惕地上下打量着我。

「我叫李小雨，我媽媽是……」

「啊！你就是那個文物庫房保管員的孩子。」蟠龍放鬆下來，重新懶洋洋地靠在樹幹上，「別看我足不出戶，但是故宮裏的事情沒甚麼能瞞得住我。」

他接着問：「你來找我有甚麼事嗎？」

「我經常聽別人提起你，像甚麼蟠龍藻井、蟠龍金柱、蟠螭白玉壺、蟠雲御墨……你好像很有名！」

蟠龍得意地笑了笑說：「這主要是因為近一百年來我的生意越來越好。」

我有點兒聽不明白：「生意？你是說出租名字的生意？這些和你的生意有甚麼關係？」

「有甚麼關係？關係大了！」蟠龍脫口而出，「因為這些名字都是我租給他們的。」

「他們？」

「就是你們人類。」蟠龍無聊地甩了甩尾巴說，「向我租名字的都是你們這些人類。每當他們看見一條龍，或者像龍卻不知道那是甚麼龍時，就會想到我。然後，我就會

把我的名字租給他們，於是就有了蟠龍藻井、蟠龍盤子、蟠龍金柱這些名稱。」

「租？你是說那些名字中帶『蟠龍』二字的東西，名字都是租的？」我大吃一驚。

蟠龍點點頭：「租的價格根據物品的大小、年代等各有高低，像藻井這類建築物就要貴一點兒。但最貴的是租我的名字給動物，像小狗、小貓、花栗鼠甚麼的，因為這些價格裏要包含我的形象損失費。」

「如果這些名字都是租的話……」我的大腦飛快運轉着，「那也就是說，這些東西上面的龍其實並不是你？」

「聰明的小姑娘。」蟠龍讚賞地看了我一眼說，「沒錯，那些龍並不是蟠龍。只是人類不願意費力氣去弄清楚他們是誰，所以就租我的名字用而已。像你這樣對怪獸感興趣的人可不多。」

「那太和殿藻井、柱子、玉壺、御墨上的龍是誰呢？」我問。

「他們……」他說到一半突然停住了，警惕地看了看四周，然後壓低聲音接着說，「他們都是雲龍，就是你認識的龍大人。他才是真正的龍，能飛上天空在祥雲裏穿梭，也可以潛入大海，掀起波浪。你也看到我的樣子了，我和雲龍的長相還是挺不一樣的。」

我點點頭，一開始我就發現這點了。

「蟠螭玉壺上的龍是螭龍。而蟠雲御墨上的龍，是夔龍，因為他還有個名字叫蟠夔，所以才會被稱作『蟠雲御墨』。」他接着說。

我還是有點兒疑惑：「其實，人們只要稍稍查點古書，或是問問專家，就應該能弄清那些都是甚麼龍，為甚麼還要租你的名字呢？」

「近百年來有幾人會為一條龍的名字去查古書？又有幾位專家願意費時間來解答這些看起來毫無難度的問題

呢？」蟠龍嘲笑道，「其實，以前民間喜歡叫那些東西為『盤龍藻井』，或是『盤龍金柱』，形容的是那些雲龍盤在藻井裏或柱子上的樣子。而『盤』和『蟠』的發音相似，後來那些圖省事的人，就直接租用了我的名字，叫它們『蟠龍藻井』『蟠龍金柱』，好讓自己顯得更有學問一些。自從發現了這點，我就開始做起了出租名字的買賣。沒想到生意相當不錯，好多人都覺得『蟠龍』是個相當氣派又高貴的名字。」

我搖搖頭說：「我不覺得這是甚麼好生意。把自己的名字冠在不是自己的形象上，有甚麼意義呢？太無聊了。」

怪不得連騎鳳仙人都說，蟠龍做的是「見不得人」的生意，我心裏想。

蟠龍似乎受了委屈，他挺直身體，驚訝地望着我。

「你知道甚麼！」他說，「你知道蟠龍的『蟠』字是甚麼意思嗎？」

我想了想，搖了搖頭。

「在古代，『蟠』是『伏在地面上』的意思。很多時候，『蟠』字甚至用來指蚯蚓這類地下的蟲子。」他深吸了一口氣，接着說，「所以『蟠龍』這個名字的意思就是沒長角的、下等的水龍。我們屬於沒能升天的龍，不會飛，也不能在雲間穿梭，只能藏在水裏生活。有的古書裏還說我們

有毒，會傷人，把我們和蛇混為一類。在這金碧輝煌的宮殿裏，怎麼會用我們這種下等龍的形象呢？沒人看得起我們，無論神仙、怪獸還是那些古人。直到近一百年，人類不再關心我們這些怪獸背後的故事，我才能因為我的名字中有一個『龍』字，而變得高貴起來，也能和其他那些傲慢的怪獸們一起被稱為神獸。這樣翻身的機會我怎麼能不抓住呢？」

聽了這些話，我開始有些同情他了，沒想到怪獸也會有心理創傷。

「其實你說的都是古時候的事情，那時候人類分皇帝、貴族、平民甚至奴隸這些等級，怪獸可能也分高級怪獸和低級怪獸，連神仙都分甚麼大仙和小神。」我輕聲安慰他，「但是現在不一樣了，在我們這個時代，大家都是平等的。所有人只是分工不同，不會因為工作或者金錢的區別，就說有的人低下，有的人高貴。我媽媽告訴我，只要人格是高貴的，這個人就是高貴的。我想，在怪獸的世界，道理也是一樣。」

「真是這樣嗎？」蟠龍懷疑地看着我，一副不敢相信的樣子。

我吸了一口氣說：「你看，我只是個普通的小學生，不會法術，不會飛，學習也一般，跑得也不快。但是，龍、

斗牛、行什、狻猊⋯⋯這些故宮裏的大怪獸們都把我當朋友看待，尊重我，甚至找我幫忙。他們一點兒也不在乎我笨、年齡小、甚麼都不會。難道這還不能說明問題嗎？」

蟠龍似乎被我說動了，他晃了一下身體，仍然有些不放心地問：「為甚麼我覺得其他怪獸好像不太喜歡我呢？」

「那不是因為你是蟠龍，而是因為你那個出租名字的生意。」我大聲說，「我相信，如果你不再做這個生意，大家會慢慢把你當成朋友的。」

「真的？」他瞇起眼睛看着我。

「反正我會第一個把你當朋友。」我微笑着說。

蟠龍居然害羞了，他低下頭，小聲地說：「我還從來沒交過朋友呢。」

「要不，我們擁抱一下吧！」說着，我就張開雙臂抱了一下蟠龍的脖子。

「原來這樣就是朋友了⋯⋯」他認真地說。

「既然是朋友了，我以後會經常來找你玩。你住哪兒啊？」我問。

「我就住在這裏啊！」

蟠龍仰頭望了望高大的龍爪槐。

我這才注意到，這棵巨大的龍爪槐前面豎着一塊小小的鐵牌，上面寫着三個字——蟠龍槐。

│故宮小百科│

皇帝御批的蟠龍郵票：蟠龍不僅在故宮各處建築和文物上出現，在清朝末年，蟠龍還作為國家的象徵，由光緒皇帝特批成為郵票的主題圖案。1896年3月，光緒皇帝下旨准許大清郵局脫離海關，成立「大清國郵政」。1897年，清代國家郵政發行正式郵票。全套共十二枚。圖案有蟠龍、鯉魚、雁三種，顏色按面值不同分為紫色、紅色、橘黃色、深綠色等，郵票上橫列有英文「IMPERIAL CHINESE POST」（帝國中華郵政）字樣。

2
二十年後的李小雨

「喂，你知道嗎？龍開始上網了。」楊永樂一邊摳鼻子一邊對我說。

「上網？」我有點兒吃驚，「甚麼時候的事？」

「就是 8 月 1 日以後，故宮裏開始提供免費 Wi-Fi 服務的時候。」他回答。

「他用甚麼上網呢？我是說，他總要有電腦或者手機甚麼的。」

「平板電腦。」他聳了聳肩，回答，「我也不知道他是從哪裏弄來的。但是我聽角端說，龍徹底迷上那玩意兒了，整天泡在網上，自己還建了個網站。」

「網站？」我有一種不太好的預感，問他，「甚麼樣的網站？」

雖然龍一遇到正經事總是躲起來，或者推給斗牛，但是在惡作劇方面，他絕對是專家。

「聽說網站名字叫『道破天機』，但我還沒來得及上去看看。」

我們正站在延春閣的台階上，參加一場野貓的婚禮。那隻叫銀光的野貓，平時身上髒得都看不出是甚麼顏色，今天卻乾乾淨淨的，鬍鬚剪得整整齊齊，毛閃着光澤，簡直快讓人認不出來了。銀光娶的是一隻叫奶油的白貓，她是故宮裏最漂亮的母貓，連梨花都認為銀光配不上她。所以，銀光辦了一場特別盛大的婚禮，不但請了故宮裏所有的動物，還請了我和楊永樂。

婚禮儀式開始了，新人在百年槐樹下唸了誓言，分吃了一條鯉魚。野貓們還合唱祝福的歌，雖然在我聽來那聲音難聽得要命，但野貓們卻很投入。

婚禮儀式進入了最高潮，銀光和奶油卻直直朝着我和楊永樂走了過來。

我瞪大眼睛看着他們：「怎麼了？出甚麼問題了？」

只見銀光將前爪併到一起，煞有介事地說：「我們希望得到你們的祝福。喵——」

「我們？」我看了看楊永樂，他也看了看我。

銀光眨巴着眼睛，解釋道：「沒錯。說實話，野貓們大多不看好我們，認為奶油跟着我只能過翻垃圾的苦日子。所以，我今天就想證明給大家看，奶油和我能過上好日子。但這需要你們人類的幫助。喵——」

我盯着銀光，這隻野貓準是瘋了，他們將來會不會幸福我怎麼會知道？但今天畢竟是他的婚禮，所以我還是客客氣氣地說：「我們不是神仙，沒有預知未來的能力。」

「這我當然知道。喵——」銀光不客氣地說，「我沒打算讓你們預言甚麼，只是想讓你們幫我登錄一下『道破天機』網。」

「你是說龍創建的那個網站？」楊永樂吃驚地問。

「沒錯，就是龍大人的網站。喵——」銀光那亮閃閃的眼睛看着他說，「你不知道嗎？只要登錄那個網站，就可以知道自己未來的樣子，一年後、兩年後……甚至十年後。」

「還有這種事？龍大人是怎麼做到的？」我吃驚得嘴巴都合不攏了。

楊永樂則根本不相信：「估計是個惡作劇，你沒準兒會看到自己十年後變成了一條龍或者一頭豬……」

這下，銀光生氣了：「你們認為我會在自己的婚禮上開

這種玩笑嗎？已經有人嘗試過了，看到的確實是未來的自己。喵——」

我吃了一驚，真有這種事？

這時候，梨花走過來說：「銀光說的沒錯，龍大人這次開了個大玩笑。雖然能看到的只是短短一小段沒有聲音的視頻，但那的確是真實的未來的自己。喵——」

「所以，你們一定會幫我這個忙吧？喵——」銀光眨巴着眼睛。

我點點頭：「如果只是登錄網站的話，應該沒問題……」

「可是，你真的考慮好了嗎，銀光？」我的話還沒說完，就被楊永樂打斷了。

他表情嚴肅地說：「萬一你看到的是自己孤獨的模樣，不就意味着你和奶油將來會分開嗎？那你們今天的婚禮不就白舉行了嗎？」

銀光抬起下巴說：「我已經想好了，如果真看到我孤孤單單，或者奶油在跟着我翻垃圾，我就會當着今天所有動物的面，宣佈取消婚禮。喵——」

「你真的想好了？」我小聲問。

銀光使勁地點了點頭。

於是，我跑回媽媽的辦公室取來平板電腦，幾乎所有

的野貓都擠到了我身邊。

「快點兒，快點兒。喵——」

我一邊點頭，一邊輸入銀光給我的網址。緊接着，一個驗證信息的小窗口蹦了出來。

「居然還需要口令？」我瞪大眼睛。

「龍大人萬歲！喵——」一旁的梨花說。

「甚麼？」

「這就是口令。喵——」梨花有點兒不耐煩地說，「龍大人萬歲。」

哈哈，這真是龍的風格。

我一邊笑，一邊在窗口裹輸入「龍大人萬歲」。然後，一個怪異的、黑乎乎的網站界面出現在眼前。

「現在要幹嗎？」我問。

「應該是按照上面的要求輸入城市、姓名和農曆生日。」楊永樂在旁邊回答。

我按照他說的，把這些信息輸入進去，突然，屏幕上散發出綠色的熒光。

「是面部識別。」楊永樂提醒我。

銀光把臉湊過來，綠色的熒光在他臉上一掃而過。熒光消失後，網站上多了幾個選項：一年、兩年、三年、四年……二十年。

「選兩年吧。」銀光說。

我點點頭。

相對於貓的壽命來說，兩年已經是很長的時間了。

點擊並確定選項後，平板電腦突然傳出「喀喀」的響聲，緊接着一個視頻框出現在我們面前，胖了許多的銀光和奶油出現在視頻畫面中。他們顯然已經有了自己的領地和貓窩，正低頭吃着堆成小山似的貓糧。剛才還屏息等待的野貓們不約而同地長舒了一口氣。

接着鏡頭一轉，五六隻小奶貓出現在畫面中，從毛色看，他們無疑是銀光和奶油的孩子。圍在我身邊的野貓發出了熱烈的歡呼，紛紛祝福這幸福美滿的婚姻。

「實在太感謝你們了！」銀光飽含着熱淚對我說。

「不客氣。」我由衷地說，「祝你和奶油新婚快樂！」

婚禮結束後，我和楊永樂在養心殿旁邊的食品店買了兩個雪糕。

「真不知道龍大人弄這麼一個網站是甚麼意思。知道你未來住在哪兒，你的孩子長甚麼樣，還有比這更糟糕的嗎？這就好比在讀一本偵探小說前，先瀏覽了最後一章的結局。」楊永樂舔了一口巧克力味的雪糕。

「也不能說完全沒用。」我說，「它也許能避免一些不好的事情發生，比如你看到自己一年後生病了，就可以從

現在開始好好鍛煉身體……」

「但也許你鍛煉身體，一年後仍會生病。」楊永樂打斷我。他今天老是打斷我的話。

我把目光投向天空。楊永樂相信自己會成為這個世紀最偉大的薩滿巫師，所以每次當他看到龍把古老的魔法和現代科技相結合，就會感覺不順眼。

不知甚麼時候，兩隻小刺蝟停在了我們身邊。

「李小雨，我也想上『道破天機』網看看自己未來的樣子。」其中的胖刺蝟努力地睜着小眼睛說。

我還沒說話，楊永樂就插嘴說：「刺蝟的壽命只有五年，難道你想看看自己死後的樣子嗎？」

胖刺蝟氣鼓鼓地說：「五年對於你們人類來說是很短暫的，但對於我們刺蝟來說卻是一生。你這樣嘲笑我們，你、你、你……」

「沒錯，他太過分了。」我使勁掐了一下楊永樂，他今天越來越不對勁了，「趕緊向刺蝟們道歉啊！」

「哎喲！」楊永樂捂住胳膊，咧着嘴說，「對不起，我不該嘲笑你們。」

胖刺蝟仍然一臉不高興。

我賠着笑臉說：「這樣吧，你們明天黃昏的時候來我媽媽的辦公室找我，我幫你們上去看看你們未來的樣子。」

「真的？」胖刺蝟咧開嘴笑了，「那就說定了。」

刺蝟們一走遠，我就扭頭問楊永樂：「你今天說話怎麼總帶刺兒？」

「還不是因為那個白痴網站。」他低下頭說，「我有預感，它會惹大麻煩的。」

我拍拍他的肩膀：「別擔心，雖然龍總是闖禍，但不是還有斗牛嗎？如果有麻煩，斗牛一定能解決。」

「希望如此。」他歎了口氣。

「不過話說回來，你想不想看看你幾年後的樣子？」我問，「比如上了哪所中學？考上了哪所大學？」

「堅決不要！」他大聲說。

「你不好奇？」

「也不能這樣說。」他嘟囔着，「不過，我有點兒害怕看到未來的自己……」

「害怕？」我瞪大眼睛看着他，「為甚麼？」

他歎了口氣說：「我怕看到一個挺着啤酒肚的男人正在辦公室的格子間裏操作電腦。」

「這有甚麼不好，至少說明你長大能找到工作。」我笑嘻嘻地說。

「可我不想這樣！」他回答，「我不想成為那些以房子和汽車為榮的大人，我不想成為一個普通人。」

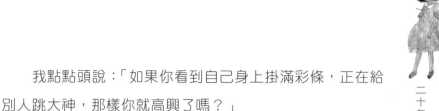
我點點頭說：「如果你看到自己身上掛滿彩條，正在給別人跳大神，那樣你就高興了嗎？」

「薩滿巫師的祈神儀式不是你說的那樣。」他反駁，「不過就算是你說的那個樣子，也比我變成一個普通人要好。」

說實話，如果真能從「道破天機」網上看到那樣的楊永樂，我也會覺得很酷。

那我呢？二十年後，我會變成甚麼樣？我開始有些擔心了，自己會不會變成一個被擠在地鐵車廂裏、眼神發直的女人呢？

回到媽媽的辦公室，我一直盯着平板電腦。「道破天機」網的頁面還開着，但我一直在猶豫，沒有繼續點擊。如果我長大後，變成一個毫無創造力、無聊、無趣的人怎麼辦？我不指望自己將來能為人類的知識寶庫添磚加瓦，但至少我應該是個相信魔法、相信外星人，並仍然能得到怪獸們信任的大人。

相信自己，我不會變成普通人的！我一邊給自己鼓勁，一邊用顫抖的手指，在「城市」那一欄裏輸入「北京」，就在我打算輸入姓名時，屋門「嘭」的一聲被撞開了，我像做賊一樣趕緊捂住平板電腦。

「出事了！」闖進來的是楊永樂。

「怎……怎麼了？」

楊永樂卻頓住了：「你在幹嗎？」

「沒、沒幹甚麼……發生甚麼事了？」我把平板電腦藏到身後。

楊永樂衝了過來，生氣地質問我：「你不會在上那個破網站吧？你都不知道它闖了多大的禍！你認得寧壽宮花園裏的烏鴉胖頭吧？他因為看到自己一年後會死去而精神失常了，現在正大鬧寧壽宮呢！」

我大吃一驚：「烏鴉的壽命不是將近二十年嗎？為甚麼胖頭一年後就死了？」

「就是因為不知道自己為甚麼會死，胖頭才會發瘋！」楊永樂生氣地說，「如果換成是你，明知道自己一年後會死去，卻不知道該如何避免，會不會也被折磨得發瘋？」

我倒吸了一口涼氣，那樣的確很可怕。

當我和楊永樂跑到寧壽宮花園時，烏鴉胖頭正在啄着碧螺亭的柱子。從遠處看，他像極了一隻羽毛被燒焦的啄木鳥。一大羣動物圍着他，怪獸斗牛和角端也在其中。

「他這是在損壞文物，你們怎麼不阻止他？」楊永樂大聲問。

「沒人能阻止他，連他媽媽和妹妹都不行。」梨花回答說，「你要是不讓他啄這個柱子，他就會啄自己，要不就把上面的琉璃瓦一片片扔下來。」

「你為甚麼不想想辦法？」我轉過頭問斗牛，「這可是龍闖的禍！」

「關於精神疾病方面的問題我真的不在行，本來想噴點雨讓他冷靜一下，但是角端告訴我這沒用。」斗牛皺着眉頭說，「不過角端倒是出了個主意。」

「那還等甚麼？」我問。

「因為需要一樣東西。」

「甚麼東西？」

「別着急，應該很快。」胖乎乎的角端安慰我，「我找了一個故宮裏跑得最快的怪獸去取那件東西……」

果然，他的話音還沒落，一股旋風就颳了過來：天馬叼着一個小木盒出現在我們面前。

「謝謝天馬，辛苦了。」角端接過木盒子。

「這是甚麼？」我問。

「去年八月十五嫦娥仙子送給龍大人的長生不老藥。」角端回答。

「真有那種東西？」我以為那只是民間傳說，「吃了它就能長生不老？」

角端壓低聲音在我耳邊說：「它的確叫長生不老藥，但是否真的能讓人長生不老我也不知道，畢竟怪獸們根本不需要這種東西也能長生不老。」

「難道長生不老藥還有治療精神疾病的功效？」我更好奇了。

「別的精神疾病治不了，」角端實話實說，「但是，對於胖頭的病應該有效。」

說着，他舉起木盒大聲說：「胖頭！你下來，我有辦法讓你一年後不會死。」

這話真管用，啄柱子的烏鴉胖頭立刻停了下來，慢慢扭過頭，兩隻黑漆漆的小眼睛緊緊盯着角端手裏的木盒。但他並沒有從碧螺亭上飛下來。

「我沒有騙你。」角端接着說，「你從『道破天機』網上看到的不過是正常情況下的未來，但你別忘了，我們是神獸，如果我們插手，應該能改變你的未來。」

胖頭張開翅膀，從碧螺亭飛到角端旁邊的一根矮樹枝上，歪頭看着他。

「這個木盒裏是玉兔製成的長生不老藥。只要吃了這粒藥，你不但一年後不會死，沒準兒一百年後都還活着。」角端把木盒打開，露出一粒金燦燦的小藥丸。

胖頭看着長生不老藥，一臉不敢相信的樣子：「這麼寶貴的藥真的要給我吃嗎？」

角端點點頭：「這是龍大人闖的禍，當然要他來解決。所以，你就放心吃吧。」

胖頭小心地叼起藥
丸，閉上眼睛，滿臉感激
地把它吞了下去。

「怎麼樣？」梨花
問他。

「啊！真是好藥，我
感覺身體一下子就熱了
起來。」

「那可是玉兔搗了一年才製成的長生不老藥。」梨花
說，「我真羨慕你，要不是因為犯了錯誤，龍大人那麼小
氣的怪獸，才不會把這種寶貝拿出來送給別人。」

「這下你不用擔心了吧？」角端問。

「完全不擔心了，謝謝角端大人！」胖頭痛快地說。

跟着斗牛、角端一起走出寧壽宮時，楊永樂問斗牛：
「龍有多少長生不老藥？」

斗牛想了想回答：「好像就這麼一顆。」

「那要是以後還有動物從網站上看
到自己在某年死去，忍受不了要發瘋怎
麼辦？」

斗牛重重地歎了口氣，說：「別擔

心，龍大人已經同意今天晚上就關閉『道破天機』網。」

楊永樂點點頭，說：「這樣最好。」

我和他們告別，回到媽媽的辦公室，看到平板電腦上「道破天機」網的界面。想到幾分鐘後，它也許就會被關閉，我快速地輸入了姓名、農曆出生年月等信息。面部識別的綠光閃過後，我毫不猶豫地選中了「二十年後的自己」。

屏幕再次亮起來時，我看到了未來的「我」：有着中年人的體型，沒有發胖，頭髮變長了；變化最大的是臉，如果不是酒窩和鼻子，我幾乎快認不出那是自己；不過，「我」的眼神仍然充滿好奇，就跟現在一樣。

過了一會兒，未來的「我」拿出了一張小卡片，上面寫着：「你還沒有變得無聊。」

是寫給現在的我嗎？

一定是的！我相信。

二十年後的「我」一定不會忘記這次經歷，所以才準備了小小的禮物送給現在的自己。

我還沒有變得無聊。挺不錯的，我很開心。

只是，二十年後，我寫的字還是那麼難看。

｜故宮小百科｜

重建建福宮花園與延春閣：故事中貓咪們結婚的場所延春閣，是建福宮花園西部的中心。傳說乾隆皇帝喜愛的珍寶有許多都收藏在建福宮花園內，但是1923年6月26日，花園在大火中化為廢墟。1999年，中華人民共和國國務院批准了建福宮花園復建項目。香港商人陳啟宗擔任主席的香港中國文物保護基金會通過中華文物交流協會，為該復建工程提供了四百萬美元的捐助，成為此次復建工程的主要資金來源。復建工程分成二期，計劃五年時間完工。2000年5月31日，建福宮花園復建一期工程開工，修復了建福宮花園的主體建築延春閣。2006年5月，建福宮花園復建工程竣工。

香港中國文物保護基金會聘請的顧問、英國修復保護建築師莊山地（John Sanday）建議復建以「保持現狀，恢復原狀」為原則。建福宮花園的修復工程，參照了現存台北國立故宮博物院清朝宮廷畫師丁觀鵬所繪《畫太簇始和》，以及瑞典漢學家喜仁龍（Osvald Sirén）1922年拍攝的兩冊攝影集《中國北京皇城寫真全圖》（The Imperial Palaces of Peking）。2006年美國《商業週刊》和《建築實錄》聯合舉辦的建築「中國獎」頒獎會上，建福宮花園復建工程獲「最佳歷史保護項目獎」。居住在香港的作家潘翎（May Holdsworth）為這項修復工程撰寫了一本書——《建福宮：在紫禁城重建一座花園》。

3
白猿尋桃記

咚咚咚……

有誰敲響了媽媽辦公室的門。

「這麼晚了，有誰會來呢？」我走向門口。

屋門是鎖着的，從門縫裏透進來一道細細的紅光。

「誰啊？」我大聲問。

一個奇怪的聲音響起：「請問，李小雨住在這裏嗎？」

找我？是誰呢？

我一邊想，一邊打開了門。

我吃了一驚，門口站着的居然是一隻白猴子，他提着紅燈籠，精神奕奕地看着我。

真少見，渾身雪白的猴子，我在哪個動物園裏也沒見過，連聽都沒聽說過……我站在那裏直發愣。

「你……認識我？」

他搖搖頭：「不，我們並不認識，但梨花告訴我，可以找你幫忙。」

原來是梨花的朋友。

我把白猴子請進屋，然後關上門。猴子「噗」的一聲，吹滅了燈籠裏的蠟燭。

「請坐。」我搬過一把椅子。

猴子不客氣地坐下來，皺着眉頭。

「你找我有甚麼事嗎？」我問道。

猴子清了清嗓子說：「我是來找一樣東西的。」

「甚麼東西？」

「桃子。」

「桃子？」我鬆了口氣，看他那麼一本正經的樣子，還以為是丟了甚麼重要的東西呢，「你是餓了吧？我媽媽今天沒買桃子，不過還有兩根香蕉，先拿給你吃吧。」

我轉身去拿香蕉，沒想到猴子卻生氣了，他大聲說：「我可不是一隻普通的猴子，我找的也不是普通的桃子！」

「不是普通的猴子？那你是……」我迷惑了。

他一下子挺起了胸脯：「我是白猿，你聽說過吧？」

我搖搖頭：「我還是第一次見到白色的猴子。」

「我都說了我不是普通的猴子，我修煉了八百年才變成今天這樣的。」白猿雙臂交叉放在胸前，像人一樣。

「修煉八百年的猴子就不吃香蕉了？」

「誰說的？我還是很喜歡香蕉的……」他突然跳了起來，「別打岔，這和香蕉沒關係。我要找的桃子，不是一般的桃子，而是王母娘娘種的蟠桃，吃下它的人可以活一萬八千歲！」

「蟠桃？真有那種東西？」我瞪大眼睛，那不是《西遊記》裏的故事嗎？王母娘娘有個蟠桃園，裏面的桃子每三千年才成熟一次。每當蟠桃成熟，王母娘娘會召開蟠桃大會，宴請各路神仙品嚐，人吃了則可以長生不老。

「當然有！」白猿認真地說，「那是個特別漂亮的蟠桃，又大又飽滿，粉撲撲的，我抱了它將近三百年都沒捨得吃，卻在昨天晚上把它弄丟了。」

我有點兒不相信：「即使再好的桃子，放三百年也會腐爛了吧……」

「胡說，蟠桃是永遠不會爛的！」

「好吧，好吧。」我靠近白猿問，「說說看，蟠桃是怎麼被弄丟的？」

「還不是因為養心殿特展。」他傷心地低下頭說，「我

在庫房裏待了幾十年，十分寂寞，突然見到那麼多人和朋友，感到特別興奮。只是去鸞鳥那裏串了個門，結果一回來就發現蟠桃不見了。」

「被偷了？」我大吃一驚。故宮裏難道出小偷了？

「沒準兒啊，是被哪個壞人吃掉了⋯⋯」白猿沮喪地耷拉着腦袋。

「哎呀！」

還真有這種可能，那可是蟠桃啊，連神仙們都愛吃，要是碰上個饞嘴的傢伙，可就真的找不回來了。

「我能幫你甚麼忙呢？」

「我在倉庫裏待得太久，故宮裏的人啊、動物啊早都不認識了。聽那隻貓說，你跟故宮裏的怪獸、動物和人都能打交道，所以，能不能帶我去找他們打聽一下，有沒有誰看見了我的蟠桃？」

「這倒不是甚麼難事。」我點點頭，「不過要是蟠桃真的被吃掉了怎麼辦？」

白猿歎了口氣，說：「如果真是那樣的話，哪怕能找到桃核也好。」

於是，我帶着白猿出發了。我們第一個找的是楊永樂。

「蟠桃？」楊永樂挑起眉毛，「那東西好吃嗎？」

「當然好吃。」白猿緊緊盯着他，「是不是你偷吃了我

的桃子？」

楊永樂奇怪地看着他：「我為甚麼要吃？」

「吃了可以活一萬八千歲呢！」

楊永樂苦笑說：「我舅舅說，我長大要想有房子住，就要還一輩子房屋貸款。我可不想還一萬八千年的房貸。那種東西，你送給我，我都不吃。」

白猿愣在那裏：「房屋貸款是甚麼東西……」

「好了，楊永樂，現在不是開玩笑的時候。你聽沒聽說誰拿了蟠桃？」我打斷他們。

楊永樂往椅背上一靠，歪着腦袋思考了一會兒。

「蟠桃倒是沒聽說，不過我聽說今天早晨，有野貓在養心殿後院裏撿了一個球。」

「球？甚麼樣子的球？」我問。

「沒看清楚。」他搖着頭說，「我路過的時候，只看見幾隻小野貓正在院子裏踢球。」

「難道……」我還沒說完，白猿已經衝出了失物招領處的大門，我趕緊跟着他跑了出來。

「居然把我的蟠桃當球踢……」白猿氣得「吱吱」叫。

夜幕下的養心殿後院，早已沒有了踢球玩耍的野貓。只是在那棵百年老槐樹下，有一個圓球靜靜地待在那裏。

白猿驚叫一聲，衝了過去。他小心翼翼地抱起那個

球，卻愣住了。

「這不是我的蟠桃，這就是一個球。」他的聲音小得像蚊子叫。

我藉着月光看過去，沒錯，那就是一個小孩子玩的普通皮球。應該是哪個小遊客來看展覽時落下的。

「別灰心！我們再找找看！」我摸摸白猿的頭。

這時，旁邊的矮樹叢突然「沙沙」作響。

「你們在找甚麼？」一隻胖乎乎的小刺蝟揉着眼睛鑽了出來。

白猿警惕地看着他：「我們在找蟠桃，你有沒有吃掉我的蟠桃？」

小刺蝟仔細看清他後吃了一驚：「哇！一隻雪猴啊！」

「我不是雪猴，是白猿。」白猿往前走了一步，「你有沒有吃掉我的蟠桃？」

「蟠桃是甚麼？」小刺蝟問。

「就是一種桃子。」我解釋。

「桃子啊！」小刺蝟舔了舔嘴脣，「御花園的桃樹上結的桃子很好吃的。」

「我就知道，我就知道！」白猿突然「哇哇」大哭起來，「我的蟠桃被吃掉了。」

「等等！他並沒說吃掉你的桃子啊。」我安慰白猿，並

扭頭問小刺蝟，「你最近一次吃桃子是在甚麼時候？」

小刺蝟奇怪地看着我說：「當然是桃子成熟的時候。」

我仔細想了一下，桃子一般在七月成熟，而現在已經是十一月。

「也就是說你已經很久沒吃到桃子了？」

小刺蝟點點頭：「是啊，那是一年中只有少數幾天能享用的美食。一想起來就讓人流口水呢！」

我鬆了口氣，對白猿說：「你的桃子昨天才丟，肯定不是刺蝟吃掉的。」

白猿抹了把眼淚，不哭了。

「原來你們在找桃子啊。」小刺蝟拖着長長的聲調說，「我昨天還真看見有個傢伙叼着一個大桃子在養心殿裏走來走去，本來還想問問，他從哪裏找來的桃子……」

「是誰？」我着急地問。

「我也不認識。他是個大塊頭，比牛還大，胖胖的，耳朵和眼睛都很小，腿很粗壯，卻很短……」刺蝟努力比畫着那傢伙的樣子。我和白猿的眉頭卻越皺越緊，這是誰呢？

「他的皮毛是甚麼顏色？」白猿問。

「大晚上的，甚麼都是黑乎乎的，我怎麼可能看清顏色呢。」小刺蝟回答。

「叫聲呢？」我不甘心地追問。

「他叼着桃子，要是張嘴叫，桃子不就掉了？」

這下我可為難了，那個大塊頭的傢伙到底是誰呢？是動物，還是怪獸？

「啊！」小刺蝟突然指着天空大叫，「就是他！」

我和白猿吃驚地抬頭看向天空，難道那傢伙會飛？刺蝟沒說他長翅膀啊。

養心殿高高的屋頂上，有一個大大的黑影，他和刺蝟說的差不多，胖胖的，耳朵小小的。

「喂！你好！」我衝着屋頂喊。

「吵死了，吵死了！你們真的很吵！」「黑影」扭過頭。

我吃了一驚，這不是一頭中國犀牛嘛！而中國犀牛在大約一百年前就已經滅絕了呀！

白猿卻一眼就認出了他：「玉犀牛！原來是你偷吃了我的蟠桃！」

「偷吃？」玉犀牛不高興地說，「我可沒偷吃東西。」

說完，他「嘭」的一聲從屋頂上跳了下來，震得石板地顫抖了好幾下。

「白猴子，你可別冤枉我。」他扭了一下胖胖的身體。

「我有證人。」白猿一下把小刺蝟推到前面，「這隻刺蝟看見你叼着我的蟠桃到處走。」

在龐大的犀牛面前，小刺蝟嚇得渾身發抖，一聲都不

敢吭。玉犀牛瞥了一眼刺蝟，解釋道：「我昨天晚上是在養心殿撿了一個桃子，不過我已經把它還給它的主人了。」

白猿生氣地問：「你還給誰了？」

「跟我來！」

玉犀牛扭着屁股走進養心殿，我們緊跟在他身後。

夜晚的養心殿，除了照在展品上的燈光外，一片黑暗。

玉犀牛領着我們走到一個正方形的玻璃櫃前，那裏面是一個桃子狀的食盒，旁邊的標籤上寫着「紅漆描金福壽紋攢盒」。紅色漆盒上雕刻着幾個撒着金粉的紅色壽桃，在這些壽桃中，一個粉撲撲的桃子格外顯眼。

「看！」玉犀牛得意地說，「我在那邊的玻璃櫃看到一個壽桃掉在那裏，就幫忙拿過來了。」

白猿深吸了一口氣，問：「你沒覺得這個桃子和其他桃子的顏色有些不一樣嗎？」

「怎麼不一樣？都是黑色的啊。」玉犀牛回答。

黑色？我突然想起，自然課上老師講過，犀牛的視力很差。也許他根本分不清各種顏色？

白猿雙手捧起那個粉撲撲的桃子，寶貝一樣抱到懷裏：「總算找到了，原以為只能找到桃核了呢。」

「原來這個桃子是你丟的。」玉犀牛打了個哈欠，「吵吵鬧鬧那麼半天，今天的月亮也賞不成了。再見吧！」說完，他走到三希堂前，瞬間便穿過玻璃牆壁，一道耀眼的亮光閃過，他已經變成了手掌大小的碧玉犀牛，安安靜靜地站在窗台上。

「我也要回去了。」白猿對我說，「感謝你的幫助，改天我一定會奉上謝禮。」

「不用客氣……」沒等我的話說完，白猿和他懷裏的蟠桃就消失了。幾乎同時，不遠處的一個玻璃展台裏散發出亮光。我輕輕走過去，看到那裏面擺着一個深藍色的圓盒，盒蓋上面的圖案是一隻白猿懷抱一個大大的蟠桃。旁邊金色的標籤上寫着「畫琺瑯白猿獻壽圖攢盒」。

我恍然大悟，原來，白猿也是養心殿特展上的展品啊。

從那之後，我再也沒見到那隻白猿。直到兩個星期後的一天，我都快忘記這件事了，卻在媽媽辦公室的門口發現一個用陶土做成的小罈子。罈子上有一張卡片，上面寫

着「這是謝禮。——白猿」。

是甚麼呢？我打開蓋子，一股帶着水果香味的酒香飄了出來。「是猿酒！」旁邊的楊永樂吃驚地說。

「猿酒？」

「也叫猴兒酒，很多古書中都提到過，白猿特別善於用百花和水果釀造美酒。看來是真的！」楊永樂回答。

「其實我也沒幫甚麼大忙，沒想到他還真送謝禮來了。」我感歎道。

故宮小百科

白猿獻壽：傳說著名兵法家孫臏少年時與龐涓求師於鬼谷先生，先生讓孫臏守護山中西王母賜下的仙桃林。某天他抓住一隻偷桃子的小白猿，原來白猿的母親生了病，聽說吃了雲夢山的仙桃母親的病可以痊癒，小白猿便上山中偷桃。孫臏問明緣由，把仙桃送給了白猿。白猿母親吃了仙桃，果然病癒，於是白猿將祖傳的兵書送給孫臏表示感謝。由於仙桃也代表着吉祥長壽，從此以後，「白猿獻壽」的典故，以及白猿抱着仙桃的吉祥圖案就流傳開了。

故宮中也有不少以「白猿獻壽」為題材的文物。比如故事中的「畫琺瑯白猿獻壽圖攢盒」。此盒製造於清中期，是廣東進貢的慶壽禮物。它以寶藍色琺瑯釉為地，蓋面繪製傳統的「白猿獻壽」祥瑞圖案。盒內九格攢盤繪蝙蝠紋和團形「壽」字，與盒邊壽桃、佛手、柿子、石榴等各種吉祥紋樣，表達了「福壽雙全」的祝福。

白猿獻壽還是廣州進貢鐘錶的特色，它們往往是帝后壽辰時進獻的。比如製造於乾隆年間的轉花亭式捲簾白猿獻壽鐘，它高104厘米，通體裝飾有廣東特產綠色透明琺瑯，共分三層。底層為鐘錶，以及三隻白猿分捧珊瑚和仙桃的景觀，中層正面是三朵寶石花。頂部是六角亭，亭中心有轉瓶、轉花及跑人。鐘錶啟動之後會播放樂曲，人、瓶、花轉動，白猿也會進獻捧物。

4
貔貅嚮往的世界

天氣真冷，白天下了場大雪。晚上，沒來得及掃走的雪都結了冰。

我走過長長的廊道，穿過養和殿、緩福殿、鳳光室、猗蘭館，一直到了「失物招領處」紅色的小招牌處才停下來。我回頭掃了一眼剛才走過的宮院，確認沒有人跟蹤，才打開門，溜進了失物招領處。

「你怎麼才來！」楊永樂埋怨道。

他坐在一把破椅子上，面前的桌子上放着甚麼東西，被一塊桌布蓋得嚴嚴實實。

「是真的嗎？你今天留給我的紙條上說的那件事？」我

着急地問。

「我甚麼時候騙過你？」儘管這裏只有我們兩個人，他還是壓低了聲音，「這絕對是難得一見的寶貝，在消失了五百年後卻又突然出現……」

「真有這種東西，怎麼會到你的手裏？」我問。

「一隻叫茶葉的老鼠送來的，他屬於東三所茶庫的老鼠家族。」楊永樂回答，「兩天前的晚上，這個東西突然掉在茶庫旁邊的枯井裏。老鼠家族正在那裏過冬，被嚇得夠嗆，還好沒有老鼠受傷。老鼠送來時說，如果有失主來這裏認領，一定要失主給他們道歉。」

「快給我看看！」我催促道。

「在這兒呢！」楊永樂小心翼翼地把面前的桌布揭開。

出現在我眼前的是一大塊瑪瑙石，扁扁的，大約有一本漫畫書那麼大，看不出有甚麼奇怪的。

「就是這個？」我問。

「沒錯，就是它，遊仙枕！」楊永樂咧着嘴笑了，「我查了很多書，才確認是它。它最早是龜茲（qiū cí）國送給唐朝皇帝的禮物。傳說唐玄宗枕着它睡覺時，可以在夢裏遊遍世界各地。大約一千年前，它被北宋著名的斷案高手包拯收藏，包拯如果碰到棘手的案件，就會枕着它在夢裏找到答案。六百多年前，它被獻給明朝開國皇帝朱元璋，後來又被收藏進故宮。此後就再也沒有消息了。」

「遊仙枕有甚麼用？」我不太明白。

「它可以讓你的心靈在夢裏得到解放，幫助你去嚮往的世界待一段時間。」楊永樂挺直腰，充滿激情地說，「我覺得它非常符合四維空間的原理。任何東西都有投影，我們的世界也是這樣，除了我們本身存在的世界，應該還有三個空間的投影，有各種可能性的世界存在……」

「行了！你說的我根本聽不懂。」我打斷他，甚麼心靈解放，甚麼四維空間，甚麼投影……

「我還沒說到最有意思的部分呢！」他的熱情一點兒沒受到我的影響，接着說，「它還可以讓幾個人共享同一個人的夢境，雖然共享的人只是旁觀，不能參與到夢境裏，但也是件很有意思的事情，不是嗎？」

聽他這麼說，我越來越疑惑了，世界上真有這樣神奇

的東西存在嗎？但是，我又提醒自己，在我的人生中，有一些別人認為絕不可能發生的事情都已經發生了，比如遇到怪獸，看到神仙，真是意想不到啊！因此，楊永樂說的那些也許是真的。

「無論我嚮往甚麼樣的世界，我都可以在夢裏去那裏嗎？哪怕是邪惡的？」我問。

「沒錯，哪怕是地獄或是殭屍的世界，你都可以去。」楊永樂回答，「我已經親身體驗過了，你要不要試試？」

「你夢到了甚麼樣的世界？」

「我不告訴你。」楊永樂愉快又堅定地說，「那個世界我只想一個人獨享。」

我吃驚地看着他，這一點兒都不符合他愛賣弄愛分享的個性。

「為甚麼？」我有些不高興，難道他不當我是朋友了？

「因為那個世界除了我，其他人都不會感興趣。」他說，「怎麼樣，你要不要試試看？」

我有點兒猶豫。

我都不知道自己內心嚮往的世界是甚麼樣子。做一位歐洲古堡裏的公主，還是到外太空去玩一圈兒？

「我要考慮一下……」

就在這時，我身後卻傳來一個聲音：「我要試一下。」

我嚇了一大跳，扭頭一看，就在我的身後，一個渾身冒着寒氣的怪獸正站在那裏。

他是誰？楊永樂的朋友嗎？但楊永樂看起來和我一樣吃驚，顯然他也不知道。

「請問，您是……」楊永樂上下打量着怪獸。

他的頭有點兒像特大號的蟬的腦袋，兩隻圓溜溜的眼睛十分突出。他有一張像鯨魚嘴似的大嘴巴，身體則像麒麟。最獨特的是，他渾身雪白，連眼珠都是白色的。

「我是貔貅。」怪獸回答。

「貔貅？」楊永樂搖着頭說，「您的樣子的確像貔貅，但我從來沒聽說過有白色的貔貅存在。」

白貔貅微微一笑，說：「那現在你不但聽說過了，還親眼看到了白色貔貅。」

「真驚人啊！」楊永樂讚歎，「您應該和動物界的白虎一樣，屬於基因變異，對不對？」

「和那個多少有些不同。」白貔貅說，「不過現在我不想解釋甚麼。」

一聽他這麼說，楊永樂更有興趣了，還想追問下去，但我攔住了他。

「您丟了甚麼東西嗎？」我問白貔貅。

他搖搖頭：「我沒有丟東西，不過我的確是來找東西

的。聽說，遊仙枕被送到了這裏⋯⋯」

「消息傳得這麼快嗎？」楊永樂咧開嘴，笑着說，「沒錯，它就在您的面前。」

白貔貅低下頭，鼻子都要貼在瑪瑙枕頭上了。他仔細看了好一會兒，才問：「就是它嗎？」

「就是它！」楊永樂答，「我查了好多書，準沒錯。」

「太好了，太好了。」白貔貅十分激動，點了好幾次頭。

「能讓我試試嗎？」他問。

「可以啊！」楊永樂高興地說，「我正想找個怪獸來試試呢。」但他好像突然想起來了甚麼，說，「不過，我有一個條件。」

「甚麼條件？」

「讓我們共享您的夢。」楊永樂說，「我們不會進入您的夢境，只會做個觀眾，而且我們可以向您保證，決不把您的夢境告訴任何人。」

白貔貅猶豫了幾秒鐘，說：「好吧，只要你們保密，我願意讓你們看看我嚮往的世界。」

「太棒了！」我激動得叫出了聲，能親眼看到一個怪獸嚮往的世界，這比看甚麼電影都要有意思。

「我很期待！」楊永樂和我一樣興奮，「讓我猜猜看，您是不是想回到四千多年前的阪泉之戰，那時候您是黃帝

的大將，怪獸們的首領，勇猛無比，聽說那場戰爭的場面……」

「不，我對戰爭沒甚麼興趣。」白貔貅打斷他。

「那周武王的時代怎麼樣？您被封官，還被奉為……」

沒等他說完，白貔貅又搖了搖頭。

「那我知道了！」楊永樂自以為是地搖晃着一根手指，「那您肯定想回到天宮，您是招財神獸，肯定風光無限。」

「不，你又猜錯了。」白貔貅的眼睛緊緊盯着桌子上的遊仙枕，「現在我可以開始了嗎？」

「當然！」楊永樂把遊仙枕輕輕放到地上，「我們恨不得現在就去看看您嚮往的那個世界了。對吧，小雨？」他用胳膊肘碰了碰我。

我趕緊點頭。我猜想，那個世界一定是我從未見過的、精彩絕倫的世界。

白貔貅微微一笑說：「希望它不會讓你們失望。」

說完，他巨大的身體橫躺在地板上，小心翼翼地把頭放在遊仙枕上，還很細心地為我們留出了空間。

我趴在他旁邊，學着楊永樂的樣子抓住枕頭的一角，閉上雙眼。白貔貅的身體像冰塊一樣涼，我很好奇，是所有貔貅的體溫都這麼低，還是只有白貔貅的體溫才這麼低。但很快，我就不再想這個問題了，因為更有趣的場景

吸引了我。

白貔貅開始做夢了。我的眼前出現了一片寬闊的草原，天空特別耀眼，就像是被擦亮了的藍玻璃，草原上到處是五彩的花朵，遠處是高高的雪山。

我屏住呼吸。這是甚麼地方？遠古的戰場，還是神仙們的天國？

這時候，白貔貅出現在草原上，他遙望着遠方，像是在等待甚麼。是在等其他怪獸嗎，還是在等仙人？或是在等甚麼我想都想不出來的東西，這麼一想，我的心怦怦直跳。

白貔貅似乎看到了甚麼，他奔跑起來。漸漸地，我們看到一片藍色的湖水，湖邊站着一個漂亮的灰色貔貅，背着兩個頑皮的小貔貅，我立刻明白了，她是雌獸。除了顏色不同，她和白貔貅幾乎一模一樣。

我突然想起書上提到過，怪獸貔貅是分雌雄的。雄獸被稱為「貔」，雌獸被稱為「貅」。貔喜歡站在高處眺望遠方，脾氣差，愛打架，但很正直，碰到壞人、壞事決不放過；而貅喜歡馱上自己的孩子到處旅遊，還善於招財。他們是典型的「嚴父慈母」。

看來白貔貅是來找自己的伴侶和孩子們了。他們是不是要一起歷險呢？我提起了精神。

　　然而，他們哪兒也沒去，就靜靜地待在水邊。白貔貅陪着孩子們玩鬧嬉戲，一直到月亮升起。草原上吹着風，草叢裏的蟲子唱着好聽的歌兒。白貔貅和灰貔貅面向又黃又大的月亮，倚靠在一起。

　　沒有刺激的征戰，沒有金碧輝煌的天宮，沒有萬人浩蕩的叩拜……只有這一家四口，像最普通的動物家庭一樣，溫馨地倚在一起。

　　夢就這樣結束了。

　　「喂！」楊永樂問，「您還好嗎？」

　　「很好，我很好。」白貔貅回答，他從地上站起身，擦了擦眼角的淚。

　　「也許，遊仙枕並沒有那麼靈，沒能讓您到達嚮往的世界……」楊永樂說。

　　「不，那就是我嚮往的世界。」白貔貅回答。

　　「您是說，那片草原？」楊永樂有點兒不敢相信。

　　「是的，那是很多很多年前的草原了，那是我成為神獸之前的世界。」他回答。

　　「原來是這樣。」

　　「謝謝你們。」白貔貅準備告別了，「沒想到在我短暫的生命裏還能見到我嚮往的世界，真是太幸運了。」

　　「短暫？」我眨眨眼睛，「如果你們神獸的生命還算短

暫，那我們人類的生命只能算一瞬間。」

「你說的是故宮裏的其他神獸，我和他們不一樣。」白貔貅說。

「怎麼不一樣？我不太明白。」

「等到太陽升起來後，我就會越變越小，最終消失。」他解釋，「當然，在這屋子裏待得再久一些，我也許都等不到明天的太陽，這裏太熱了！」

我更糊塗了，問：「您住在哪裏？」

「珍寶館。」他邊說邊出了門，「再見！真的非常感謝你們！」說完，他就消失在了夜色裏。

「你聽說過珍寶館裏有貔貅嗎？」我問楊永樂。

他想了好一會兒才搖搖頭說：「從來沒有。」

「但白貔貅說他住在那兒。」

「也許是新來的展品。」

楊永樂小心地把遊仙枕放到裏面的貨架上，和其他被遺失的物品擺在一起。

「明天，我要去珍寶館看看到底是怎麼回事。」白貔貅的話讓我有些不安。

第二天，天氣好得要命。暖融融的陽光舔着地面，被凍成冰的積雪逐漸化成了一攤攤水流。

我一大早就帶着貓糧跑到珍寶館。野貓們圍了過來，

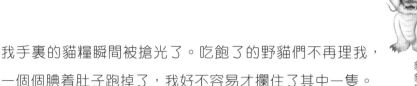

我手裏的貓糧瞬間被搶光了。吃飽了的野貓們不再理我，一個個腆着肚子跑掉了，我好不容易才攔住了其中一隻。

「珍寶館新來的貔貅展品擺在哪兒啊？」我拉住大黃的尾巴問。

他不情願地回過頭說：「沒聽說有新展品啊？喵——」

「不對，白貔貅說，他就住在這裏。」

「白貔貅？喵——」大黃甩掉我的手，懶懶地說，「你說的是那個吧？」

我朝他指的方向望去，那是一個正在融化的雪堆。

「昨天珍寶館的管理員們用雪堆了一個『貔貅』，堆得特別好，像真的一樣。不過今天太陽一出來它就融化了。」大黃說，「你想要看的話，只能等到下一場雪了。喵——」

| 故宮小百科 |

故宮珍寶館：珍寶館位於故宮博物院東邊，於1958年開館。是故宮博物院重要的常年開館的陳列館之一。如今它分設於皇極殿西廡、養性殿、樂壽堂、以及頤和軒。珍寶館展示的主要是清宮收藏的金銀玉翠、奇珍異寶製成的禮器、祭器、冠服、裝飾品、生活用品以及宮室內的陳設品。

5
神鼎

　　我昨晚看到夜空中劃過的那道奇怪的亮光了。

　　但當時我實在太睏了，只想着睡覺，對其他事沒甚麼興趣。哪怕有個外星人站在我面前，我可能都會不管不顧，先睡上一覺再說。

　　所以，雖然我覺得那亮光不太像流星或者飛機發出來的，有些異常，但還是沒抵擋得住巨大的睡意，在媽媽辦公室的小牀上睡着了。

　　在刺眼的陽光把我曬醒前，楊永樂已經「咚咚咚」地敲門了。星期六，他很少這麼早起牀。

　　「出甚麼事了？」我揉着眼睛開了門。

貓貅嚮往的世界

「你昨晚看到亮光了嗎？」他裹着厚厚的羽絨服，穿着睡褲和拖鞋，眼角的眼屎都沒弄乾淨。

神鼎

「亮……光？」我往窗外看了一眼，是個大晴天。前兩天下的雪被陽光曬化了，到處都濕漉漉地流着水。亮光？對了！夜空中閃過的亮光。

「我好像看到了。」我點點頭說，「當時還覺得有點兒奇怪，那麼亮的光應該不是流星。」

「那道亮光好像落在御花園裏了，要不要去看看？」楊永樂提議。

我聽着「呼呼」的風聲說：「這種天氣還是更適合在有暖氣的房間裏喝碗熱乎乎的芝麻糊。」

「萬一是外星人呢？」他提高了嗓門。

楊永樂一直對未知生物、外星人之類的東西充滿激情，他的書包裏隨時裝着相關的科幻雜誌。他立志成為一名偉大的薩滿巫師，並相信成為真正的薩滿巫師後，就會與各種各樣的未知生物和外星人打交道。他最珍愛的寶貝，不是失物招領處夜間營業時等待認領的那些古代神器，而是一塊他從淘寶網上買來的、小得不能再小的黑石頭，他說那是太空隕石。

「你到底去不去？」楊永樂問。

「我寧可留在屋子裏。」我鑽回被窩。

「你一點兒也不想知道那是甚麼嗎？也許我們的發現會讓我們一舉成名。」他越說越興奮。

我搖搖頭說：「要是真有外星人來，最早發現他的一定是御花園裏的清潔工阿姨。」

「要是外星人躲起來了呢？」他不甘心地說，「和我一起去看看吧！就看一眼，咱們再回來喝芝麻糊。」

我歎了口氣，如果我今天不和他一起去，不知道以後他要抱怨多久。

「好吧！」我同意了，「不過就看一眼。」

「我保證只看一眼！」楊永樂高興地跳起來。

我穿上大衣，跟在他後面出了門。天氣比我想像中還要冷，耀眼的陽光並沒有帶來多少溫暖。

我們頂着寒風，一路跑到御花園。冬天的御花園裏，光禿禿的樹枝被雪壓得「吱吱」作響，完全看不出有甚麼奇怪的地方。

「我們回去喝熱芝麻糊吧。」我拽拽楊永樂的袖子。

他沒動，指着天一門的方向說：「看！那是甚麼？」

我朝他指的方向望去，看到甬道上的大鼎爐發出了一道亮光。

我走過去，摸了摸那個鼎爐，問：「你說這個？這不是鼎爐嗎？一直就放在這裏啊，有甚麼奇怪的？」

神鼎

「它剛才亮了一下。」

「是太陽的反光吧。」我不在意地說。

在故宮裏，鼎爐是很常見的擺設，僅太和殿前就擺着十八座銅鼎爐。此外，在乾清宮丹陛上，樂壽堂以及頤和軒前面，也都能看到它們的身影。如果說御花園裏的這個鼎爐有甚麼不同，那就是它比其他的鼎爐都要大。其他的鼎爐大約高兩米，而這個鼎爐高約四米。

「不像是反光。」楊永樂仔細看着眼前的大鼎爐。

鼎爐的下部是三足圓鼎爐身，三個鼎足上都鑄有喜好煙火的怪獸狻猊的雕像；中部是中空開窗的爐腹，有六個被稱作「火焰門」的小窗；上部是圓形爐頂。

「你有沒有覺得這個鼎爐有點兒異常？」楊永樂問。

「我沒覺得它和平時有甚麼不一樣。」我聳了聳肩，說，「我的肚子餓得咕咕叫，咱們回去吃早飯吧！」

「你看！那扇火焰門好像被打開過。」

「幾百年前肯定被打開過，而且裏面還裝過松柏枝和檀香，那時候它就是個大香爐。」我心不在焉地說。

「不，是剛剛被打開過的樣子。」楊永樂摸了摸那扇門說，「它比別的門都乾淨。」

「是鳥幹的吧？也許麻雀已經在香爐裏搭窩了。又擋風，又擋雪，是個好地方。」我說，「我要回去吃芝麻糊

了，你到底走不走？」

「等等，我想打開門看看。」他爬上雕鑄着蓮花瓣紋飾的鼎爐底座，伸手去夠「火焰門」。

我猶豫地站在旁邊看着他：「你真要這麼做？小心點兒，那可是文物，被人看見了你肯定要挨罵的。」

楊永樂費了好大力氣才打開「火焰門」。爐腹裏發出微弱的光芒，我不安地往後退了兩步。楊永樂卻更賣力了，他又想辦法往上爬了一下，踩住一個結實的落腳點，就伸手向鼎爐裏面掏去。

我睜大眼睛，看着他的手臂伸進那光亮裏摸索了一會兒。突然，他臉色一變。

「啊！」

「怎麼了？」我被嚇了一大跳，「是不是手被甚麼東西咬住了？」

他大叫：「有東西！有好玩的東西！」

「甚麼東西？」

他把手從爐腹裏伸出來，伸到我面前。他手裏抓着的東西像一隻金黃色的蟾蜍，但牠頭上長着一隻肉乎乎的角，腦門上有紅色的花紋。

「咕咕！」「蟾蜍」叫了一聲。

「這是甚麼？」我使勁揉了揉眼睛，怎麼看也覺得牠不像地球生物。

神鼎

「也許是外星人。」楊永樂把牠緊緊握在手裏，他的膽子真大。

「不可能，如果是外星人的話，這附近就應該有宇宙飛船。」

我圍着鼎爐轉了一圈，又抬頭往附近的樹上望了一遍，甚麼奇怪的東西都沒有。

　　「也許是因為地球污染而變異的物種。」我猜測，「就像電影裏的那些怪物一樣。」

　　「反正我在任何一本書裏都沒見過長角的蟾蜍。我們用甚麼東西裝牠呢？」

　　「裝牠？」

　　「對啊！我不能老這麼拿着牠——雖然牠挺乖的。我們必須找一個籠子，然後弄清楚牠吃甚麼。」

　　「聽着，我覺得咱們還是把牠放回原地比較好。牠沒準兒有毒，也許還會傷人。」我瞪大了眼睛，深吸了一口氣說，「你不覺得這事很奇怪嗎？牠並不屬於人類世界。」

　　楊永樂咧嘴笑了：「牠要是會傷人的話，早就咬我了。就是因為牠不屬於人類世界，我們才應該把牠獻給研究機構，比如國家航天局。也許我會作為『第一個在地球發現外星生物的人』被記錄到人類歷史裏，多棒！」

　　「但是……」

　　「就算你不同意，我們也可以先把牠放到籠子裏再討論。」楊永樂說，「我記得看門的楊爺爺那裏有空的鳥籠，你快幫我拿來。」

　　我歎了口氣，還是照他說的去做了。

當太陽升到半空中的時候，我和楊永樂待在失物招領處，四隻眼睛緊緊盯着鳥籠裏這個奇怪的小東西。牠懶懶地趴在那裏，動都不動，讓人覺得籠子完全是多餘的。

「牠身上好像有味兒。」我說。

「哪有？我沒聞到，是你的心理作用吧。」

「牠身上要是攜帶甚麼病菌怎麼辦？」我擔心地問，「我們還是把牠放回去吧。」

楊永樂沒理我，他把幾隻甲蟲和生肉絲往那生物前面推了推。

「牠怎麼甚麼都不吃？」他有點兒擔心。

「牠雖然長得比較像蟾蜍，但也許並不喜歡吃蟾蜍愛吃的東西。」

就在剛剛，我和楊永樂花了好大的力氣，才在木窗子上找到幾隻靠暖氣取暖的小甲蟲。這麼冷的天氣，抓蟲子簡直比登天還難。

「我們趕緊把牠送回鼎爐吧！」我歎了口氣。

「耐心點兒，李小雨。我已經給國家博物館和國家航天局發郵件了，他們也許很快就會聯繫我們，到時候我們就成名人了，沒準兒還能上電視呢！」

「我從來沒想過……」

「你想想看，也許他們會用我們的名字，為這個未知的

生物命名，就像用天文學家的名字命名那些新發現的小行星一樣。」

「牠也許並不是甚麼外星生物，沒準兒就是地球環境污染的結果……」

「那也是新物種，一種從未被發現的新物種！」楊永樂越說越興奮。

但我一點兒都高興不起來：「你先弄清楚怎麼養牠再說吧！你看牠無精打采的樣子，不知道是不是生病了。」

「嗯！你說得對，我去給牠弄點水。」

楊永樂跳起來，跑去接水。我只能無奈地搖搖頭。

一直到天黑，那隻「蟾蜍」都沒有吃一口東西或喝一口水。楊永樂有點兒着急了。

「我們要想想辦法。」他不停地在籠子旁邊踱着步。

「要不，我們再去那個鼎爐裏面看看，看還有沒有甚麼東西。沒準兒牠是自己帶着食物來的。」我提議。

「好主意。」

我們回到御花園，看到月色下的鼎爐裏仍然散發着微弱的光。

楊永樂剛要打開「火焰門」，那扇小門卻自動開了。一個人頭伸了出來。

「啊……」我和楊永樂幾乎同時尖叫起來。

楊永樂跌倒在鼎爐旁邊，手腳並用地往後爬了好遠。

「嘿！你們好！」

那個人一邊和我們打招呼，一邊費勁地從「火焰門」裏擠了出來。明亮的月光下，我們發現他並不是人類，他有近三米高，長着人頭、馬身，渾身上下都是斑紋，背上還有一對碩大的翅膀。

「你……是誰？」楊永樂趴在地上問。

「我嗎？」怪獸拍拍身上的香灰說，「我叫英招，是天帝花園的管理者。」

「哦，這麼說，您是神仙？」楊永樂的態度立刻變得恭敬起來。

「神仙、神獸、天神……哪種稱謂都可以。」英招說，「不過請原諒我不能給你解釋太多，我現在有任務在身。」說着，他轉身就準備離開。

「請等一下。」我說，「您能告訴我您有甚麼任務嗎？也許我們能幫到您。」

「這個……」英招猶豫地看看周圍，點了點頭，「好吧，誰讓我對故宮不熟悉呢。有你們幫忙也許能更快些。」他移動馬腿，重新轉過身面對我們。

「大約半個時辰以前，天帝花園裏的一個神獸不見了。他最後的蹤跡是在一座神鼎旁邊，我懷疑他進入了神

神鼎

鼎。你們知道大多數神鼎都具有判斷吉凶、咫尺天涯的法力……」

「您說的『咫尺天涯』是甚麼意思？」楊永樂問。

「嗯……用你們人類現在的科學術語來說就是空間位移，或者物質輸送。」英招解釋，「比如，天帝花園是在崑崙山附近，距離故宮大概有三千公里，哪怕是我飛也要飛一個時辰，但是用神鼎的話，幾秒鐘它就可以把我從天帝花園輸送到故宮。」

「哇！」我讚歎，「聽起來就像哆啦A夢的任意門。」

「哆啦A夢是誰？」英招問。

「只是一個動畫片裏的形象，這不重要。」楊永樂懇請道，「請您繼續說下去。」

「好吧。天帝花園的神鼎與很多神鼎之間都有通道，每兩個時辰，它就會開通一條新的通道。我不能確定那個神獸通過神鼎去了哪裏，唯一的辦法就是自己進入相同的神鼎，跟蹤過來。」

「您的意思是說，我們眼前這個鼎爐是神鼎？」我問。

「你們不知道嗎？」英招露出後悔的表情，說，「也許我不該把這件事透露給人類……」

「我們會保密的！我保證！」楊永樂趕緊說，「您說的那個神獸是不是長得有點兒像蟾蜍，金黃色的，頭上還有

一隻肉角？」

「沒錯！萬歲蟾蜍就是這個樣子，你們碰見牠了？」

「是的，我們捉到一隻。不過不是半個時辰以前，而是在今天早晨。」楊永樂回答，「我還以為是外星生物⋯⋯」

「謝天謝地！天帝花園裏的半個時辰差不多相當於故宮裏的十二個小時。」英招鬆了口氣說，「這下我的麻煩少多了。那個傢伙淘氣得要命，天帝花園裏的神獸就數牠的想法多，總是給我找麻煩。現在好了，我總算沒白來一趟，牠在哪兒？」

「我想我們還是把牠帶到這裏比較好，您這個樣子不太方便在故宮裏到處溜達。」我說。

「你想得真周到。」英招感激地說，「那就辛苦你們把牠帶到這裏吧，我得趕緊把牠帶回天帝花園，這件事要是被西王母發現了，我的差事就沒了。」

楊永樂不放心地看着他說：「要是有人過來⋯⋯」

「你們放心吧！我可是天神。」英招哈哈大笑，「我的隱身術相當不錯，崑崙山裏沒人能比得上我，絕對不會讓人發現我的。」

我和楊永樂用最快的速度跑回失物招領處。一切還算順利，那個被叫作萬歲蟾蜍的神獸還懶洋洋地趴在鳥籠裏，沒被人發現。我們把鳥籠拿到英招面前。

看着被關在籠子裏的萬年蟾蜍，英招居然哈哈大笑起來，笑得眼淚都流出來了。

「我還沒……沒見過有誰敢把牠關進籠子裏！」他喘着粗氣說，「看這傢伙的樣子！哈哈。」

「對不起，我們不知道牠是神獸……」

楊永樂伸手準備打開籠門，把萬年蟾蜍放出來，卻被英招攔住了。

「先別把牠放出來。誰知道牠又會捅出甚麼婁子。」英招一把按住籠門說，「如果你們不介意的話，能不能把這個籠子借給我，我打算就這樣把牠帶回天帝花園。」

我和楊永樂互相看了一眼：「這個籠子可以送給你。」

「你們真是太大方了。」英招高興地說。

可是，籠子裏的萬年蟾蜍卻生氣了。牠憤怒地在籠子裏跳來跳去，頭上的角不斷撞擊着籠子，發出「叮噹」的聲音。

「真奇怪，牠來這裏後一直很安靜，我們都以為牠病了……」我有點兒擔心。

「把牠交給我對付吧！」英招提起籠子說，「非常感謝你們的幫助！如果有時間，歡迎來天帝花園遊覽，我很高興做你們的嚮導。」

說完，他先把籠子扔進鼎爐，緊接着，自己也擠了進

去。我們能聽到爐腹裏「咣噹咣噹」的聲音。

　　一道金光閃過，鼎爐裏安靜了下來。御花園裏，一切都恢復成了冬日裏尋常的模樣。

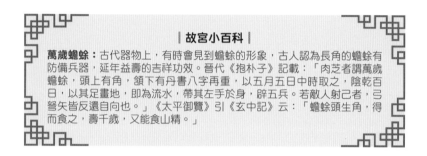

| 故宮小百科 |

萬歲蟾蜍：古代器物上，有時會見到蟾蜍的形象，古人認為長角的蟾蜍有防備兵器，延年益壽的吉祥功效。晉代《抱朴子》記載：「肉芝者謂萬歲蟾蜍，頭上有角，頜下有丹書八字再重，以五月五日中時取之，陰乾百日，以其足畫地，即為流水，帶其左手於身，辟五兵。若敵人射己者，弓弩矢皆反還自向也。」《太平御覽》引《玄中記》云：「蟾蜍頭生角，得而食之，壽千歲，又能食山精。」

6
南極老人的聖誕節

　　快到聖誕節的時候，街道上掛起了星星般的彩燈，商場裏放着「叮叮噹⋯⋯」的歌曲，廣場的空地上擺放着巨大的聖誕樹，鮮花也被擺了出來，到處都貼着聖誕老人的畫像。甚至有人扮成聖誕老人的樣子，在大街上分發廣告傳單和糖果。他們貼着白色的大鬍子，穿着紅色的棉襖，戴着高高的帽子，手裏拿着裝糖果的大口袋，只要看見年齡小的孩子，就會走過去塞上一把糖果，再把一張廣告傳單遞給旁邊的家長。

　　每次碰到這種「聖誕老人」，我都會乖乖接過糖果，說一聲「謝謝」，但絕不會停下腳步去問聖誕精靈的樣子。

因為我知道，他們都是大人裝扮的，不是真正的聖誕老人。真正的聖誕老人要在平安夜時才會出現，給孩子們送禮物。

我聽說過很多關於聖誕老人的故事。比如，他住在北極的聖誕老人村，那裏有很多聖誕精靈幫他製作、包裝孩子們的禮物；他有九隻可愛的馴鹿，會拉着雪橇帶他去送聖誕禮物……

之前每年聖誕節的早晨，我都會在牀頭發現聖誕老人留下的禮物。但是，我從沒見過真正的聖誕老人。我也曾經嘗試不睡覺，等着他來，親眼看看他和他的馴鹿們，可是每次我都被瞌睡蟲打敗了。

聖誕老人到底長甚麼模樣？有沒有人見過真正的聖誕老人呢？

我背着書包走過箭亭後的樹林，發現小狐狸正在樹洞口懸掛用松樹枝做的聖誕花環。

「狐狸也過聖誕節啊？」我有點兒意外。

「嗯，嗯。」小狐狸使勁點頭說，「過聖誕節才會有聖誕禮物啊。」

路過御茶膳房，我看到老鼠洞口掛了一隻大襪子；御花園裏，一隻戴着紅色聖誕帽的松鼠爬上了古柏樹；半空中飛過的鴿子們，哼着聖誕歌曲；野貓們撿來松枝，在珍

賓館做了一棵「聖誕樹」……

　　看來大家都聽說過聖誕老人的故事呢！但是，我問了一圈，發現大家都沒見過真正的聖誕老人。

　　「今天晚上，大家要不要一起等聖誕老人呢？」我提議。

　　一隻小老鼠說：「可是，聖誕老人並不是每年都來給我送禮物。」

　　他這麼一說，很多小動物都點點頭。

　　「這沒關係，聖誕老人每年都會準時給我送禮物。」我自信地說，「天黑以後，你們都到我媽媽辦公室的院子裏藏起來，我在牀上裝睡。如果聖誕老人來到院子裏或者房頂上，誰看到就大叫一聲，互相傳信號，怎麼樣？」

　　「這樣就能抓住聖誕老人？」一隻小刺蝟瞪大了眼睛。

我點點頭說：「只要我們跑得足夠快。」

「那我就可以當面向聖誕老人要禮物了！」一隻小野貓高興得跳了起來。

「聖誕禮物！聖誕禮物！」小動物們一邊興奮地大叫，一邊亂蹦亂跳。

我也非常激動，於是，天還沒黑，我就開始為上牀裝睡做準備了。我洗臉、刷牙、換上睡衣，卻在睡衣裏穿着保暖內衣和毛衣，腳上套了兩雙厚襪子。如果沒來得及穿上外套和靴子，這樣跑出去也不至於着涼。我的帽子、大衣和手電筒就放在枕頭邊。

「這麼早就要睡覺了？」媽媽低頭看了看手錶上的時間。

「嗯。」我一下子鑽進被窩，「我想讓聖誕老人早點兒來。」

「是這樣啊。」媽媽笑了，她披上大衣向外走去，「今天晚上我要加班，就不打擾你和聖誕老人的約會了。」

「哐」的一聲門響之後，漸漸暗下來的屋子裏只剩下了我一個人。但我一點兒都不寂寞，因為只要趴到玻璃窗上，我就可以看見：在院子裏，屁股還沒有藏好的小刺蝟互相拱啊拱；矮樹叢裏，無數隻小老鼠在擠來擠去；怎麼也管不住嘴的小麻雀，「嘰嘰喳喳」地站在樹梢上；房頂上「咚咚」的響聲也提醒我，小黃鼠狼正在上面追鴿子。

真是個熱鬧的平安夜！

我掀開被子長呼了一口氣，睡衣裏面穿得太多了，蓋上被子簡直像蒸桑拿。就在這時，我似乎感到身旁有人，驚訝中一揚臉，旁邊站着的竟是一個白鬍子老人！

他個子很矮，頭卻很大，有一個又大又圓的腦門，沒有戴帽子，身上穿着寬大的中式紅色長袍，手裏拄着一根彎彎曲曲的拐杖。從外表來看，他和故事裏的聖誕老人不太一樣，難道聖誕老人到中國後就穿中國古代的衣服了？

老人在原地轉了個圈兒，看到我後露出了吃驚的表情：「請問……」

「啊——」

他一開口我就尖叫起來，這並不是故意給院子裏的小動物發信號，而是因為我太吃驚了——聖誕老人居然會說漢語！

一瞬間，小野貓、小刺蝟、小黃鼠狼、小老鼠、小狐狸都從門外闖了進來，窗戶也被小麻雀、小鴿子、小烏鴉和小喜鵲撞開了。

一羣小動物把老人圍在中間，充滿希望地看着他。

「這……」老人被嚇了一大跳，手裏的拐杖差點兒掉了，「出甚麼事了嗎？」

「聖誕老人！您這麼早就來了？」一隻黃色的小野貓撲

了過去，抱住老人的腿，「禮物呢？」

「聖誕老人是誰啊？」老人用慈祥的目光看着他。

「您啊！」小麻雀們嘰嘰喳喳地說，「您不就是聖誕老人嗎？」

老人笑了：「孩子們，你們認錯人了，我不叫聖誕老人，我叫南極老人。」

「不對，不對！」小狐狸說話了，「是您弄錯了，您住的地方是北極，不是南極！」

老人一下子糊塗了。

「我不住在南極，也不住在北極，我住在崑崙山蓮花洞。」他嘴裏嘟囔着，「我只是名字叫作南極老人，因為我是南極星的化身……」

還沒等他說完，一隻白色的小野貓從屋外闖了進來，興奮地大叫道：「鹿！聖誕老人的鹿在院子裏！」

所有小動物都向門外湧去，我跨過三隻小野貓，躲過一隻小刺蝟，在被一隻小鴿子撞了一下頭後，終於擠出了門。

真的有一隻鹿站在銀色的月光下，優雅地看着我們。他目光清澈，頭上的鹿角精緻得如同藝術品，身上有點點梅花花紋。

好漂亮的一隻梅花鹿！我在心中讚歎。

等等！我皺起了眉頭，聖誕老人的鹿不應該是馴鹿嗎？

　　「怎麼只有一隻？另外八隻呢？」一隻腦門上有黑點的小白貓找了一圈，發現院子裏只有這一隻鹿。

　　「雪橇也不見了！」一隻小烏鴉說。

　　「你們真笨，院子這麼小，要是九隻鹿和雪橇全進來，就被擠爆了！」一隻小喜鵲大聲說。

小白貓恍然大悟：「哦，原來是選了一隻做代表啊！」

圍着梅花鹿看了好半天，大家滿足地回到屋子裏。

「您說自己不是聖誕老人，可明明連鹿都帶來了！」一隻小黃鼠狼湊到老人身邊。

「你說那隻鹿，那是我的坐騎……」南極老人回答。

「我們知道！」小老鼠們齊聲說，「您就是坐着九隻鹿拉的雪橇給孩子們送禮物的。」

「九隻？」南極老人一愣，「我只有一隻啊。」

「您別逗我們玩兒了，趕緊把禮物拿出來吧！」小野貓們等不及了。

倒是我，越來越覺得這件事有點兒不對勁。

「禮物！禮物！禮物……」屋子裏的小動物們齊聲呼喊起來，每隻動物的眼睛裏都閃着光。

南極老人紅着臉說：「這次出來得匆忙，還真沒帶甚麼像樣的禮物……」

這句話一說出來，屋子裏一下子安靜下來。過了好一會兒，才聽到一個小小的聲音：「聖誕老人居然忘了帶禮物給我們……」

緊接着，就聽見有誰在抽抽搭搭地哭。這下可好，那哭聲彷彿會傳染似的，屋子裏的小動物接二連三都哭了起來，而且越哭越傷心，沒一會兒，屋子裏的哭聲就變成了

「大合唱」。

南極老人這下慌了：「孩子們，別哭，別哭啊……」

他手忙腳亂地哄哄這個，又哄哄那個，簡直不知道該怎麼辦了。可是，小動物們的哭聲卻越來越大。

最後，南極老人使勁甩了甩袖子，歎了口氣說：「大家聽我說，都不要哭了，再哭會把嗓子哭壞的。既然你們這麼想要禮物，那我變些禮物給你們好了。」

他這麼一說，哭聲一下子全停了。小動物們用毛茸茸的小爪子或翅膀擦了擦眼淚和鼻涕，又充滿希望地看着南極老人。

「但是……你們想要甚麼呢？」南極老人輕聲問。

「我想要一個手機！」一隻小野貓大聲說。

「我也想要手機！」

「我也要！」

…………

想要手機的小動物可真不少。

南極老人卻皺起了眉頭：「手雞……為甚麼要這麼怪的東西？」

說着，他揮了揮寬大的衣袖，屋子裏立刻白煙瀰漫。白煙散去後，一隻長着人手的公雞站在地上，「咕咕」直叫。

「怎麼樣？」南極老人得意地看着大家說，「這種動物我還是第一次變，還不錯吧？」

所有動物都睜大了眼睛，看着那隻奇怪的公雞。那隻想要手機的小野貓甚至被嚇哭了：「嗚嗚嗚嗚……好可怕！怪物雞！」

南極老人撓着頭問：「你要的不是這個？」

小野貓一個勁兒搖頭。

南極老人想了想，又揮了揮袖子，煙霧過後，那隻長着手的公雞消失了，取而代之的是一隻像核桃那麼小的小公雞，被他捧在手心裏。

「那你要的是這個吧？」

小野貓看着那隻玩具般的小公雞，往後退了兩步，慢慢地搖搖頭。

「你要的『手雞』到底是甚麼樣子的呢？」南極老人為難地嘟囔着。他一收手指，那隻小公雞也消失了。

「您居然不知道手機是甚麼？」小動物們像看怪物似的看着他。

他揚了揚眉毛，問：「不是一種雞嗎？」

「不是雞！是智能手機！」

我不由得笑了。我早就想到了，作為仙人的南極老人一直隱居在崑崙山，怎麼可能知道智能手機這種東西？其

實從看到梅花鹿的那一刻我就已經明白，站在我面前的不是聖誕老人，而是壽星仙人南極老人。怪不得看到他的第一眼我就覺得那麼眼熟呢，奶奶家貼的「福祿壽」年畫上就有他的神像。

「智能手機是甚麼東西？」南極老人問。

我從抽屜裏翻出媽媽的舊手機遞給他：「看！這就是智能手機。」

南極老人接過手機，反覆地看：「嗯……好奇怪的東西，這塊金屬有甚麼用？」

我湊到他身邊，輕輕按下了開關鍵，手機屏幕「啪」的一聲亮了，各種功能在屏幕上顯示出來。

「哇！」南極老人的手抖了一下，眼睛緊緊盯着屏幕。

緊接着，我隨便撥了一個同學的電話號碼，另一端接通電話的一瞬間，南極老人忍不住讚歎：「隔空傳音……這真是個寶貝！」

哼！還不止如此呢！我隨便點開了一個視頻軟件，當看到電影在手機裏播放出來時，南極老人激動得臉都紅了。

這之後，我又展示了手機遊戲、微信、美圖軟件和購物軟件，南極老人吃驚得嘴巴一直沒有合上。

「這件寶物的法力太強大了！」過了好一陣，他才緩過神來，「你是從哪裏得到它的？」

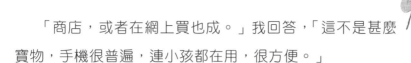

「商店，或者在網上買也成。」我回答，「這不是甚麼寶物，手機很普遍，連小孩都在用，很方便。」

「看來我真應該多出來走走，我一直以為人類的科技發展還停留在鐵鳥時代。」南極老人深吸了一口氣。

「鐵鳥？」

「對，金屬大鳥，經常從崑崙山頂經過，鳥肚子裏還坐着人。」

還沒等我開口，周圍的小動物們就已經齊聲說：「那是飛機！」

「飛雞？」南極老人笑了，「人類還真喜歡用『雞』來取名字。」

他蹲下來和善地對那隻小野貓說：「這種『手雞』我現在變不出來。不過我會回到崑崙山好好研習，如果能變出來了，我會第一個送給你。」

小野貓失望地點點頭。

「大家別為難南極老人了。」我大聲說，「他不是聖誕老人，大家聽說過壽星吧？就是他啊。」

一隻小刺蝟問：「那聖誕老人呢？」

「他應該還沒來呢。」我指着鐘錶，「看，現在才晚上九點鐘，傳說裏的聖誕老人都是十二點鐘才會出現的。」

「那我們繼續去等聖誕老人吧！」

說着，小動物們就爭先恐後地跑回院子裏，藏起來了。

「聖誕老人是誰啊？」南極老人好奇地問。

「他是西方世界的一位神仙，每年這個時候，都會給世界各地的孩子們送禮物。」我回答。

「還有這樣的神仙？」南極老人睜大眼睛說，「看來我應該抽點時間去西方世界巡遊一下。」

「您怎麼會出現在故宮裏呢？」

「我聽說，故宮正在展出我的畫像，是明朝一位宮廷畫家畫的。」

「您說的是那幅《南極老人圖》吧？」我說，「就是我媽媽幫忙佈展的，展覽設在武英殿。」

「太好了！我去看看。」

南極老人邁開腳步，穿過牆壁不見了。我趴在窗戶上往外看，院子裏的梅花鹿也消失了。

我回到牀上，繼續等待聖誕老人出現。可是，我的眼皮越來越重，沒過多久我居然迷迷糊糊地睡着了。

「喂！起牀了！再不起牀，上學就要遲到了！」耳邊傳來媽媽的聲音。

我一下子坐起來，窗外的天空閃着蒙蒙的亮光，已經是早晨了。

牀頭上，一份包裝漂亮的禮物靜靜地放在那裏。我長

歎了一口氣，看來我又錯過了聖誕老人。

　　那天上學的路上，只要碰到小動物我就會問：「你昨晚看見聖誕老人了嗎？」

　　無論是小刺蝟、小麻雀、小老鼠還是小野貓，都揉着迷迷糊糊的眼睛說：「不知不覺就睡着了，甚麼都沒看見。」

　　不過，每隻小動物在那天早上都收到了聖誕老人送來的禮物，高高興興地過了個聖誕節。

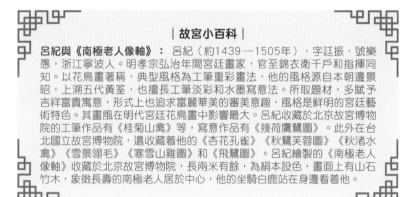

｜故宮小百科｜

呂紀與《南極老人像軸》： 呂紀（約1439—1505年），字廷振，號樂愚，浙江寧波人。明孝宗弘治年間宮廷畫家，官至錦衣衛千戶和指揮同知。以花鳥畫著稱，典型風格為工筆重彩畫法，他的風格源自本朝邊景昭，上溯五代黃筌，也擅長工筆淡彩和水墨寫意法。所取題材，多賦予吉祥富貴寓意，形式上也追求華麗華美的審美意趣，風格是鮮明的宮廷藝術特色。其畫風在明代宮廷花鳥畫中影響最大。呂紀收藏於北京故宮博物院的工筆作品有《桂菊山禽》等，寫意作品有《殘荷鷹鷺圖》。此外在台北國立故宮博物院，還收藏着他的《杏花孔雀》《秋鷺芙蓉圖》《秋渚水禽》《雪景翎毛》《寒雪山雞圖》和《飛鷺圖》。呂紀繪製的《南極老人像軸》收藏於北京故宮博物院，長兩米有餘，為絹本設色，畫面上有山石竹木，象徵長壽的南極老人居於中心，他的坐騎白鹿站在身邊看着他。

7
天下第一毒藥

「你知道天下第一毒藥是甚麼嗎？」

夜深人靜的時候，正是楊永樂講恐怖故事的好時候。

「砒霜？」我猜。

他搖搖頭：「不對，再猜！」

我歪着頭說：「鶴頂紅？」

「還是不對！」

「到底是甚麼？」我急了。

他神神祕祕地說：「是孔雀膽。」

於是，他給我講了一個關於孔雀膽的故事……

那是一個沒有月亮，也沒有星星的夜晚。一隻黃鼠狼

貓貓嚮往的世界

藉着大霧悄悄溜進了乾清宮的院子。他簡直就像黑暗裏被剪下來的一個碎片，完美地與夜色融合。

　　黃鼠狼跑到東南側的房門前，把耳朵緊緊貼在門上，專心聽了好一陣子。緊接着，他敏捷地一閃身，進了宮殿。

　　這可不是一座普通的宮殿，這裏是清朝皇帝的御藥房。宮殿裏掛着康熙皇帝親筆書寫的「藥房」和「壽世」的匾額。

　　黃鼠狼飛快地穿過供奉着藥王神像的藥王殿，直奔最裏面的房間。那是個飄着濃濃中藥味道的房間，整面牆邊都放着高高的櫃子，這些櫃子被分成一個個正方形的小

抽屜。不要小看這些小小的抽屜，清朝的時候，全國最珍貴、最少見的藥材都存放在這裏。

黃鼠狼先拉出下面的抽屜，然後踩着敞開的抽屜，像上台階一樣，一層一層地爬到藥櫃上方，眼睛閃閃發亮。

他正忙活着，冷不防地聽到身後傳來一個聲音：「晚上好！幹勁挺足的嘛！」

這突如其來的聲音把黃鼠狼嚇得肩膀一哆嗦。他回頭一看，只見一隻尾羽如浪花般的藍孔雀站在身後。就算在黑暗中，孔雀全身也閃耀着絢麗的光芒。

「我還以為是某個令人討厭的怪獸呢……」黃鼠狼鬆了一口氣。

因為孔雀十分美麗，舉止又優雅，因此深受明清皇帝的喜愛。孔雀被認為是擁有高尚品德的神鳥，代表着天下的文明和修養。所以，故宮裏帶有孔雀圖案的器物特別多：孔雀瓷瓶、孔雀屏風、孔雀羽毛扇……就連皇帝的寶座前，都擺着孔雀造型的藝術品。

黃鼠狼在故宮裏生活了很多年，知道在乾清宮裏碰到孔雀不算稀奇，何況從來沒聽說過孔雀會傷害黃鼠狼。

「這麼晚了，有甚麼事嗎？」黃鼠狼的膽子大了起來。

「這句話不是應該由我問您嗎？」孔雀彬彬有禮地說，「您這麼晚到御藥房來做甚麼呢？」

　　黃鼠狼壓低聲音說：「我是來找藥的。」

　　「治甚麼病的藥呢？」

　　「不是治病的藥。」黃鼠狼的眼睛冒出了兇光，說，「我在找毒藥。」

　　「毒藥？」孔雀問，「您要用毒藥做甚麼呢？」

　　黃鼠狼一愣，接着就哈哈大笑起來。

　　「毒藥當然是用來毒死別人的了。」他想嚇一嚇孔雀。

　　孔雀卻一臉平靜：「您要毒死誰呢？」

　　「一個傷害過我，而我又拿他沒辦法的動物。」黃鼠狼說，「要是換了別人，我肯定甚麼都不會說。但你是孔雀，道德高尚的神鳥，是絕不會把別人的祕密傳出去的，所以我才跟你實話實說。我要毒死的是保衛處的警犬黑子。」

　　「他怎麼傷害到您了？」

　　黃鼠狼搖了搖身後短短的尾巴說：「看，他一口咬掉了我半條尾巴。要知道，尾巴對於我們黃鼠狼來說，是極其重要的東西。我現在不但沒有以前跑得快，爬樹不如以前穩當，而且再也不可能結婚了。不會有任何一隻母黃鼠狼願意和只有半條尾巴的我在一起生活的。所以，我必須報仇！」

　　孔雀點點頭，說：「您受到的傷害，我可以理解。不過，那隻警犬是無緣無故就咬傷您的嗎？」

「至於緣故嘛，是因為我那天嘴特別饞，打算捉一隻肥鴿子來吃，結果剛剛撲上去，就被他從後面追上來咬掉了尾巴。」

「這麼說，警犬是為救那隻鴿子才咬了您？」孔雀問。

「黃鼠狼吃鴿子，這是大自然安排的食物鏈，誰也不能因為這個指責我。我們總不能活活餓死不是？」黃鼠狼氣哼哼地說。

「當然，當然。」孔雀點着頭說，「但是，警犬保護鴿子也是他的職責。」

「他愛保護誰就保護誰，但他咬斷了我的尾巴，我就要報仇！」

孔雀皺着眉頭想了想說：「把警犬毒死了，您的尾巴就能長出來嗎？」

「怎麼可能⋯⋯」

「那毒死警犬對您有甚麼好處呢？」

「我的後半生都被他毀了，殺了他我的心裏才會覺得暢快些。這對我的健康肯定有好處。」黃鼠狼回答。

「您的理由太可笑了，我覺得您還是放棄這個可怕的想法吧。」孔雀勸他。

「不行。我已經下定決心，非殺了那隻警犬不可。」

孔雀臉上突然掠過了一絲悲哀的表情，他問：「您打算

怎麼報仇呢？」

「要是和警犬打架，我們黃鼠狼是贏不了的。」黃鼠狼坦白地說，「但我聽說御藥房裏藏着一種藥叫孔雀膽，是天下第一毒藥，無論是誰，只要吃上一點點，都會立刻喪命。所以，我打算找到這種毒藥，偷偷放進警犬的食物裏。」

「孔雀膽……您是說我們孔雀的膽？」

「沒錯。」黃鼠狼盯着孔雀的眼睛說，「你難道不知道你們的膽有劇毒嗎？」

「是有這種說法，但是……」

「你來得正好，快告訴我，這些抽屜裏，哪個裏面裝着孔雀膽？」黃鼠狼紅着眼睛問。

「您是要去做壞事，我恐怕不能告訴您……」

還沒等孔雀說完，黃鼠狼「呼」地從藥櫃上跳了下來，用尖利的爪子對準了孔雀的脖子。

「你最好快點告訴我，黃鼠狼吃掉孔雀可是經常發生的事情。」他的眼中閃爍着紅色的火苗。

孔雀無力地說：「既然您已經下定決心，要是拿不到孔雀膽，沒準兒還會做出別的甚麼壞事來。那我告訴您吧，孔雀膽就在左邊最上面的那個抽屜裏。」

黃鼠狼冷笑着說：「都說孔雀是品德高尚的動物，沒想

到也這麼怕死，如果那隻警犬死了，你也算是幫兇吧。」

說完，他躥上藥櫃，打開左邊最上面的抽屜，小心翼翼地拿出一小包黑色的粉末。

「太好了！」他咧嘴大笑，「這下我可以報仇了。」

「謝謝你了！」他獰笑着看了孔雀一眼，就從門縫裏鑽了出去，很快消失在茫茫夜幕中。

而呆呆站立着的孔雀，此時卻鬆了口氣。

三天後，黃鼠狼又回來了。

當時，太陽剛剛下山，御藥房裏溢滿了青紫色的光。孔雀正望着藥櫃發呆，突然門「吱呀」一聲被推開了。

「我正要找你，沒想到你還在這裏！」黃鼠狼尖叫道。

孔雀點着頭說：「這幾天，我一直在這裏等您。」

「呵呵，看來你知道我會找你算賬！」黃鼠狼轉着小眼珠說，「我真沒想到，像你這麼高貴的神鳥也會騙人！」

「騙人？我並沒有騙您啊。」孔雀回答。

「你給我的孔雀膽是假的！」黃鼠狼生氣地說，「我親眼看着黑子一口一口吃下了放了孔雀膽的食物，結果他不但沒有死，叫聲反而比以前更響亮了。」

孔雀笑着說：「啊，這也是意料之中的事情。」

「那你還敢說沒有騙我？」黃鼠狼眼睛裏露出了兇光。

「我沒有騙您。」孔雀堅持說，「您拿走的藥的確是由

我們孔雀的膽囊磨成的粉末。」

「如果你說的是真的，為甚麼那隻警犬沒被毒死？」

孔雀輕聲說：「因為我們孔雀的膽囊並沒有毒啊。不但沒有毒，它還是很好的藥材，有殺菌消炎、清熱解毒的功效，算是一種補藥呢。」

「不可能！你就不要再騙我了！」黃鼠狼跳了起來，「誰不知道孔雀膽是天下第一毒藥？從宋朝開始，皇帝就經常會讓犯了罪的大臣喝下它。要是沒有毒，那些大臣又是怎麼死的呢？」

「您說的那種毒藥並不是我們孔雀的膽，而是一種叫『斑蝥』的蟲子，牠才是有劇毒的。」孔雀說，「因為斑蝥和我們孔雀的產地重疊，皇帝又希望毒藥的名字好聽一點兒，才將這種毒藥命名為『孔雀膽』。」

「你以為我還會相信你的話嗎？」黃鼠狼冷笑道。

「這種誤會不光發生在我們孔雀身上。」孔雀接着說，「和孔雀膽一樣有名的毒藥鶴頂紅，您也聽說過吧？清朝的大臣們會在朝珠中放鶴頂紅，以便危急的時候可以自殺。但其實丹頂鶴頭上的丹頂並沒有毒。鶴頂紅那種毒藥實際上是紅信石，是一種有毒的天然礦物。如果您還是不相信，可以去查一下唐代的《新修本草》或者明代李時珍的《本草綱目》。當然，現在上網搜索也能查到這兩本書。」

黃鼠狼愣了一下，問：「你早就知道孔雀膽沒毒，為甚麼不告訴我呢？」

「我不希望您變成殺人兇手。」孔雀回答，「我想您經歷過下毒時的提心吊膽、內疚和痛苦後，沒準兒想法會有所改變。不知道我猜對了沒有？」

黃鼠狼沒有回答，只是一動不動地站在那裏，過了一會兒，才抽動了一下尾巴，泄氣地說：「那滋味是不好受，和捕食時的心情完全不同。偷偷摸摸給人下毒，而不是轟轟烈烈地打一場，這種事情，真讓我有罪惡感。往狗食裏放孔雀膽粉末時，我的心難受得都快炸開了。看到黑子沒有被毒死，不知為甚麼，我心裏反而輕鬆了許多。」

「再也不想幹那種事了吧？」孔雀低頭問他。

黃鼠狼搖搖頭：「已經沒有那種心氣兒了。」

「還是回去好好過日子吧。」孔雀笑着說。

黃鼠狼點點頭，耷拉着腦袋走出了御藥房。

故事聽到這裏，我好奇地問楊永樂：「那故宮裏到底有沒有孔雀膽這種毒藥呢？」

楊永樂想了想說：「就算有，也應該被藏在某個特別隱祕的地方吧。御藥房可是給皇帝抓藥的地方，放在那裏，萬一抓錯了怎麼辦？」

我點點頭，說：「那些毒藥永遠不被人找到才好呢！

不，永遠消失了才好！」

「別擔心那些毒藥了，擔心一下你自己吧。再不回去睡覺，你媽媽估計會比毒藥還可怕。」楊永樂做了個鬼臉，笑着說。

我看了一眼旁邊的鐘錶，趕快跳起來就往外面跑，那速度比黃鼠狼的還要快。

│ 故宮小百科 │

御藥房： 御藥房位於故宮東側的南三所以東，太醫院的後院。明清的時候，御藥房由太監管理，負責帶領太醫去各宮請脈，管理藥材以及煎藥製藥。康熙三十年（1691年），御藥房移歸內務府管轄。設在乾清宮東南側的廡房內。康熙帝曾御題匾額「藥房」和「壽世」。室內設有藥王堂。

8
誰也看不見的宮殿

「⋯⋯十五、十六、十七⋯⋯」楊永樂的聲音忽高忽低。

我飛快地往東邊跑去，嘴裏「呼呼」地吐着白氣，雖然快要立春了，但天氣還是很冷。

我們正在玩捉迷藏。已經玩了幾局了，每次輪到我藏的時候，楊永樂都能輕輕鬆鬆地找到我。這次，我一定不能讓他抓到！

一轉眼，我已經跑過了雨花閣。前面有一條窄窄的小胡同，我毫不猶豫地鑽了進去。我本來打算躲進這條胡同通往的院子裏，可是沒跑兩步，一道紅牆就把我攔住了，

這居然是條死胡同！

　　我又着急又奇怪，故宮裏怎麼會有死胡同呢？每條胡同都應該通向一座宮院才對啊。我只能隱隱看到紅牆那側有一片綠油油的松樹林。風從東南方吹來，松枝發出「沙沙」的響聲。

　　那邊應該是太極殿吧？可是為甚麼看不到太極殿高高的屋頂呢？

　　「哈！找到你了！」

　　楊永樂的聲音可真大，嚇了我一跳。

　　「你真笨，居然躲進死胡同裏。哈哈哈！」楊永樂得意極了。

　　我撇着嘴說：「這次不算！」

　　「憑甚麼不算！」

　　「我迷路了！」

　　「在故宮裏你也能迷路？」

　　…………

　　就在我們倆吵吵嚷嚷的時候，紅牆的另一側傳來了「呼啦啦」的聲音。我和楊永樂一下子安靜下來。

　　「你聽到了嗎？」我壓低聲音問。

　　楊永樂點點頭：「像是搭積木的聲音。」

　　「搭積木的聲音怎麼可能這麼大？我聽着像是拆房子的

聲音。」

　　楊永樂把耳朵貼到紅牆上，靜靜地聽了一會兒。

　　「沒聲音了，拆房子的話不會只響一聲吧？」他說。

　　「這道紅牆的那邊是哪裏啊？」我問他。

　　楊永樂想了想說：「雨花閣東面應該挨着太極殿，可是我怎麼覺得不像呢？」

　　「我也覺得不像。」我說，「太極殿的院子裏沒有松樹林吧？」

　　「我們過去看看不就知道了？」他提議。

「好主意。」

我們離開死胡同，沿着紅牆一路向東跑去。

這真是一道長長的紅牆，連個小窗戶都沒有。等我們找到門時，已經是到了通往太極殿和養心殿的啟翔門。

「不對勁！」楊永樂皺着眉頭說。

「我們從另一側繞過去怎麼樣，走雨花閣後面那條小路？」我說。

「嗯。」

於是，我們繞到雨花閣後面。路過寶華殿時，我們發現這裏果然有一道門。我倆一口氣跑進去，一座高大的宮殿矗立在我們眼前，金色的琉璃瓦閃閃發光。咦？這不就是太極殿嗎？

我一屁股坐到台階上，跑了半天，算是白費勁了。

「那紅牆裏面肯定有甚麼！」楊永樂眼神直勾勾地盯着紅牆。

「可為甚麼沒有門呢？」我怎麼也想不明白。

「太奇怪了……」

「我們去問問梨花怎麼樣？」

「梨花會知道？」

我笑了：「在故宮裏，也許有人類到不了的地方，但沒有野貓到不了的地方。」

還沒到吃晚飯的時間，想找到梨花可不太容易。我們問了鐘錶館的野貓，問了景陽宮的鴿子，又讓御花園的刺蝟帶着我們走了好一段路，才在太湖石後面找到她。梨花正在那裏追螞蟻呢，看上去就是一隻普通的野貓，哪裏有《故宮怪獸談》主編的樣子⋯⋯

　　我們冷不防地出現在她面前，梨花趕緊又擺出一副沉穩的模樣。

　　「今天的晚飯時間要提前嗎？喵——」她蹭到我身邊。

　　「啊？我沒這個打算。」她怎麼就想着吃呢？我搖搖頭，「我來這裏是有事想問你。」

　　梨花一下子對我失去了興趣，她「唰」地跳上太湖石，趴了下來。

「找我甚麼事啊？喵──」

楊永樂蹲到她面前：「你知道雨花閣與太極殿之間的地方是哪裏嗎？」

「雨花閣與太極殿之間的地方？喵──」梨花眨巴着眼睛，過了一會兒，她恍然大悟道，「啊……原來你說的是那裏啊！」

我和楊永樂同時睜大了眼睛：「你真的知道？」

「當然了。故宮裏哪有我不知道的地方？」梨花回答，她懶洋洋的表情一下子消失了，「怎麼說，那裏也是有一座宮殿的，那座宮殿叫延慶殿。喵──」

「宮殿？那裏居然有座宮殿？」我太吃驚了。

梨花點點頭。

「可是既然有宮殿，為甚麼我們找不到它的大門呢？」楊永樂問。

「不是你們找不到，是延慶殿在外面根本沒有門。喵──」梨花回答。

一座沒有門的宮殿？這也太奇怪了。

「沒有門，如果想進去怎麼辦呢？」

「要想進延慶殿，只有一個方法，就是穿過雨花閣，從它東北角的小側門進去。不過，那道門現在已經被封了。喵──」梨花舔了一下爪子說，「現在要想進入那座宮殿，

就只能像我們野貓一樣翻牆進去。」

我更加不解了，問：「既然是一座宮殿，為甚麼不修個大門呢？現在這樣多不方便啊！」

「不修門當然是因為修門也沒用啊！」梨花笑了，她突然壓低了聲音說，「你們不知道，延慶殿是一座誰也看不見的宮殿。喵——」

「誰也看不見的宮殿？」楊永樂忍不住問，「那不是空氣嗎？這不會又是誰瞎編的故事吧？」

梨花搖搖頭說：「怎麼會是故事呢？雖說它是一座誰也看不見的宮殿，但也不是一年到頭都看不見。每年立春、立夏、立秋、立冬這四天，這座宮殿就會出現。喵——」

「居然有這種事？」我有點兒不相信。一座宮殿，那麼大的房子，怎麼可能變來變去呢？

梨花接着說：「就是因為延慶殿是一座奇怪的宮殿，所以才沒有修大門，唯一的入口被封起來好多年了，它可是故宮裏的大祕密！喵——」

我盯着梨花，她的話不像是騙人的。我在故宮待了這麼久，都沒聽說有這麼一座宮殿，也許這座宮殿真是個祕密。

「你能不能帶我們進去看看？」楊永樂問。

梨花搖搖頭：「不行！喵——」

「我們給你買五盒貓罐頭，都是你最喜歡的海鮮味，怎麼樣？」我在她面前伸出五個手指。

梨花猶豫了一下，還是搖了搖頭說：「想打開那個入口可不容易……」

「我就知道你不敢帶我們去，甚麼看不見的宮殿，怎麼可能？是你為《故宮怪獸談》新編的故事吧？」我故意「哼」了一聲。

梨花生氣了：「《故宮怪獸談》從來都不編故事，我們只報道事實！我曾經親眼看到延慶殿慢慢消失的樣子，怎麼可能是編的？喵——」

「六盒貓罐頭，我存的零花錢最多只能買這些。」我湊到她耳邊說，「我知道你一定有辦法的。」

梨花藍色的眼珠轉了轉。

「好吧，不過我要先準備一下。喵——」她站起來，搖搖尾巴，「立春那天下午，你們記着到雨花閣等我，不見不散。」

「我們一定準時去！」我和楊永樂齊聲說。

梨花跳下太湖石，邁着貓步離開了。

從那天起，無論是上學、寫作業、玩遊戲，還是上課外班，我都惦記着延慶殿的事。楊永樂也一樣，只要我們兩個碰到一起，討論的都是「誰也看不見的宮殿」的事情。

一天天過去，天氣也越來越暖和。東南風吹來，已經能讓人聞到潮濕的泥土氣息了。

終於，立春日到了。

一放學，我來不及放下書包，就朝雨花閣跑去。雨花閣並沒有對遊客開放，大門還是緊鎖着的，不過這可難不倒我。我繞到昭福門，它是雨花閣的後門。最近故宮正在修復雨花閣旁邊的梵宗樓裏的文物，工作人員都是走這扇門的。果然，大門上雖然掛着鎖，但是並沒有鎖上。我輕手輕腳地溜進去，小跑着穿過院子，找到了東北角的小門。

那扇門上的鎖已經不見了！梨花還真有辦法。

我正想着，突然聽見有聲音響起：「怎麼才來？就等你了！」

我轉身一瞧，楊永樂和梨花正藏在一棵大樹後面。

「對不起，對不起。」我趕緊道歉。

梨花不滿地看了我一眼問：「罐頭帶來了嗎？喵——」

我拍拍鼓鼓囊囊的書包：「都在這裏了！」

「那你們進去吧！喵——」梨花指了指小門。

「你呢？」

「等你們進去後，我把門鎖上再進去，這樣就不會有人發現了。喵——」她說。

真是隻聰明的野貓！

我和楊永樂一起鑽進小門，進入一個不大的院子，看到兩排簡單的房子和一座普通的宮門，宮門上寫着「延慶門」三個金字。穿過延慶門，一座宮殿出現在我們眼前。

說實話，看到它後我真有些失望。它和故宮裏的其他宮殿沒甚麼區別，金色的琉璃瓦，紅色的宮牆。只是比起那些金碧輝煌的大宮殿，它更小、更破，琉璃瓦已經褪色，很多牆面都露出了斑駁的顏色，宮殿前的院子裏長着半人高的枯草，是一座沒有被修復過的、破舊的宮殿。

這真是梨花說的那座神奇的宮殿嗎？

梨花從牆頭上跳了下來。我不禁想，在偌大的故宮裏還是做一隻行動敏捷的野貓最方便。

「這就是延慶殿？」楊永樂問。

梨花點點頭，很專業地介紹：「這是主殿，你們剛才進來的地方是配殿。主殿後面還有一個院子，不過那裏沒有房子，只有松樹林。喵——」

「這座宮殿是幹甚麼用的？」我問，「難道也是給皇帝的妃子們住的？」

梨花笑了起來：「哈哈，怎麼可能給妃子住？那宮殿消失時，妃子住在哪兒呢？喵——」

「真的會消失嗎？」看到宮殿後我又開始懷疑了。

「等着瞧吧！」梨花仰望天空說，「看，天就要黑

117

了。喵——」

　　真的，一不留神，太陽已經移到了西方。金色夕陽的光輝灑下來，和宮殿金黃色的屋頂融在一起，簡直分不清哪裏是天空，哪裏是屋頂了。只過了一會兒，太陽就沉到了西山的山頂。

　　我們吃驚地發現，金色的屋頂居然和金色的陽光一起消失了！沒有了閃耀的陽光，血紅色的晚霞佈滿了天空，遠遠看去，分不清哪些是紅牆，哪些是晚霞。當太陽落到山後時，紅色的宮牆也隨着紅色的晚霞一起消失了。天空陷入黑暗，宮殿的大理石基座模糊起來，不久就融化在黑暗裏。

　　那座剛剛明明就在眼前的宮殿，竟然消失了！月光靜靜地灑下，沒有了宮殿的空地，看起來像一片海洋。

　　「太不可思議了……」我讚歎道。

　　「是啊，誰能想得到呢？」楊永樂也愣住了。

　　我們倆傻乎乎地站在那裏，好長時間都回不過神來。

　　「呼啦啦，呼啦啦……」

　　突然，一個聲音傳了過來，這不是我那天聽到的聲音嗎？就是因為這個聲音，我才開始對延慶殿產生好奇的。

　　我四下尋找。天已經全黑，卻還能模模糊糊地看到，遠離我們的院子的一角，有一個黑影正在賣力地做甚麼，

而聲音就是從那個方向傳來的。

我一下躲到楊永樂身後，用手指着那個黑影說：「那兒好像有人……」

梨花望了望我指的方向，說：「是有人，不過應該不是工作人員，這個時間他們都下班了。喵——」

「那會是誰？」我更害怕了。

「我去看看！」

梨花朝着黑影的方向跑去，這隻野貓的膽子可真大！

她跑到黑影面前，似乎在說些甚麼。很快，她衝我們招了招手。

「來了！」楊永樂大步走過去。我猶豫了一下，心想一個人待着更害怕，於是也跟了過去。

走近了我才看清楚，那個黑影居然是一個頭上梳着雙髻的小男孩！

「我來給你們介紹一下，這位是春神芒童。」梨花客客氣氣地說，「這兩位是我的朋友，李小雨和楊永樂。」

春神居然是個小孩？我上下打量着芒童，他看起來大約七八歲，胖乎乎的，滿臉愁容，手裏還拿着一把鋤頭。

「你好，芒童，我是李小雨，很高興認識你。」

「你好，我是楊永樂，沒想到能在立春這天見到春神。」楊永樂滿眼放光。

芒童抬起頭來，高傲地說：「每年立春的時候，我都會一大早趕來延慶殿播撒種子。但今年我的黃牛病了，所以來晚了。」

「為甚麼每年立春你都要來這裏呢？」我問。

「這是我的工作啊。」芒童抬了抬下巴說，「以前，每年的這個時候，皇帝都要來延慶殿迎接春天，為他的人民祈福。我來這裏接受人類的祭拜，並播下春天的種子。」原來，延慶殿是古代皇帝祭祀春神的地方，我恍然大悟。

「那立夏那天你還來嗎？」我問。

芒童「哈哈」笑出了聲：「立夏那天當然就是夏神祝融來了，他會為我播下的種子澆上雨水；等到立秋那天，秋神蓐收就會來這裏收獲果實，送給人們；而立冬時，冬神玄冥會把一切埋入土壤，這樣來年的土地會更加肥沃。」

我明白了，為甚麼延慶殿會在立春、立夏、立秋、立冬這四天出現——它要在這裏迎接四季之神，以為民祈福。

「你的種子播完了嗎？」楊永樂很感興趣。

芒童搖了搖頭，說：「今天來晚了，耕牛也不在，連雜草都還沒拔完呢！以前，這些草用不了幾分鐘就被大黃牛吃進肚子裏了。」

「我們來幫你除草怎麼樣？」

芒童像遇到救星似的睜大眼睛：「你們真的願意幫我幹活？」

「看我的吧！我經常幫我舅舅在花園除草。」楊永樂一邊說，一邊「哐、哐」地揮起了鋤頭。我跟在他身後，沒有鋤頭，就用手拔園圃裏的枯草，希望自己也能為故宮的春天出一把力。

芒童跟在我們身後，在鬆軟的土地裏挖下一個個小坑，埋下種子，還唱起了歌：

> 種下花兒，種下蔬菜，
> 種下糧食，種下果樹。
> 讓柳枝發芽，催鳥兒唱歌，
> 讓湖水變綠，幫土地散香。
> 看第一顆星，望火燒雲，
> 因為春天來了，春天來了。
> …………

幾個月後，熱鬧的夏天已經過去，風開始讓空氣變得涼爽，一個挺大的包裹被寄到了失物招領處。包裹用金黃色的紙包着，還繫着金黃色的帶子，包裹上面寫着我和楊永樂的名字。

我們打開包裹一看，哎呀！裏面裝滿了散發着清香的水果和蔬菜，有金黃色的香梨、玫瑰香的葡萄，還有扁豆、茄子、絲瓜⋯⋯這些蔬菜下面還壓着一張卡片，上面寫着：「這是在延慶殿收穫的蔬菜，是春神的謝禮。」

我們瞪圓眼睛：那座「誰也看不到的宮殿」裏，居然能長出這麼多水果和蔬菜，實在太令人吃驚了！但是，春神不是只有在立春那天才會出現嗎？這謝禮又是誰送來的呢？

楊永樂像是想起了甚麼，從抽屜裏找出一本台曆。我的眼神跟着他手指的地方一點點地看過去，啊，對了，原來今天是立秋。

一定是秋神蓐收受到春神芒童的委託，把這些收穫的果實給我們寄了過來。

我們馬上把水果洗乾淨。在「誰也看不到的宮殿」裏收穫的水果，甜甜的，香香的，吃上一口就覺得身體輕飄飄的，彷彿隨時能飛上天空，這真是一種奇妙的感覺。

延慶殿：延慶殿位於延慶門內。延慶殿以北，是廣德門，廣德門以北到建福宮的建福門以南，是一個沒有建築的南北長、東西窄的院落。清朝時每逢立春，皇帝便在延慶殿叩拜迎春，為民祈福。

「務農」的皇帝：在故事中，我們發現皇帝在祭祀時也要親自「幹農活」這是為甚麼呢？這是因為在封建王朝，農業是立國之本，所以歷代皇帝都非常重視農業。古代天子親耕，后妃親蠶可謂是國家大事。天子親耕相當於以身作則，給天下人起到示範作用，具有禮儀教化和政治上的多重意義。明清兩代，每年仲春亥日，皇帝都要到先農壇行祭農耕耤之禮，做一回「農夫」耕種一畝三分地。

在故宮博物院，收藏着和清代皇帝們的「勸農」思想有關的文物。《御製耕織圖》又名《佩文齋耕織圖》，它以江南農村生產為題材，耕織各有二十三張圖，共計四十六圖，系統地描繪了傳統社會男耕女織的生產過程，每圖配有康熙皇帝御題七言詩一首。

耕織圖起源於南宋時期，是中國古代以勸課農桑為目的，記錄耕作與蠶織勞動過程的系列圖譜。它起到了普及農業生產知識、推廣耕作技術、促進社會生產力發展的作用，描繪場景動人的耕織圖，本身也是一件珍貴的藝術作品。故宮博物院收藏的絹本設色《胤禛耕織圖冊・收刈》頁，描繪了農夫裝扮的胤禛（雍親王）正帶領眾人收割糧食的景象。它是《雍正耕織圖》冊中的一頁，是雍正帝登基以前以康熙年間刻版印製的《耕織圖》為藍本，由清宮廷畫師精心繪製而成。胤禛耕織圖中的主要人物如農夫、蠶婦等均為胤禛及其福晉等人的肖像，每幅畫上都有胤禛的親筆題詩，並鈐有「雍親王寶」和「破塵居士」兩方印章，這是絕無僅有的。

9
叫「傾城」的花

　　暮春的黃昏，楊永樂看到了一隻漂亮的蝴蝶。他指給我看，在被夕陽映紅了的松樹後面，確實有一隻大大的黃蝴蝶，正在花叢中翩翩起舞。那隻蝴蝶翅膀的顏色比檸檬還要鮮豔，比陽光還要燦爛。

　　「好漂亮啊！」

　　我輕輕走過去，伸出手一捏！蝴蝶「呼啦、呼啦」扇着翅膀飛走了。我和楊永樂馬上一起去追牠。

　　黃蝴蝶終於又落了下來，停在綠油油的矮樹叢中。

　　我放輕腳步走過去，卻被楊永樂一把攔住。

　　「這樣是抓不到牠的。」他用小得不能再小的聲音說，

125

「你在這裏看着牠，我去取網子。」

我點點頭，眼睛睜得大大的，一眼不眨地盯着蝴蝶。我從來沒見過黃得如此嬌豔的蝴蝶，牠是從哪兒來的呢？我猜，牠應該是來自離太陽最近的那個地方吧，每天最早能看到日出，所以才能有這樣陽光一般的顏色。

蝴蝶像是飛累了，停在矮樹叢中，兩隻翅膀緊緊地貼在一起，一動也不動。

楊永樂取來了網子，看着他踮起腳尖朝蝴蝶慢慢走近，我的心「怦怦」地跳個不停。網子「啪」的一下扣住了蝴蝶，我忍不住「啊」地叫了起來，這下可捉住了吧？

我們跑到網子前，翻開網子一看，哪裏有甚麼蝴蝶，只有一片被蟲子咬過的樹葉。而蝴蝶已經輕盈地飛了起來，從我們身邊溜走了。

「哈哈，哈哈……」耳邊居然傳來了蝴蝶的笑聲。

我鬱悶地噘起嘴，對楊永樂說：「你看，連蝴蝶都在嘲笑我們笨！」

兩個能跑又能跳的人，還帶了工具，卻連一隻飛得不快的蝴蝶都抓不到，難怪牠會嘲笑我們。

「看我的！」楊永樂舉着網子追了過去。

我跟着他穿過御花園，穿過一座又一座宮殿，穿過一道又一道宮牆，最後追到了慈寧宮花園。

身邊到處都是嫩得像要滴出水的綠色，空氣中飄着好聞的花香。

我跑得累極了，一屁股坐在地上，楊永樂仍然不甘心地追着。

就在這個時候，我突然覺得陽光有點兒晃眼，抬頭一看，啊！那是甚麼？

鬱鬱葱葱的松樹間，竟然飛滿了耀眼的黃蝴蝶，牠們像是被風吹到空中的銀杏葉，又像是被陽光染了色的雲。

看起來要有上百隻吧，哪兒來的這麼多的黃蝴蝶啊？

我驚訝得連眼睛都快瞪圓了。

「楊永樂，你快看！」

「等等！就快抓住了！」楊永樂頭也不回。

「別抓了，別抓了！」我大聲叫，「你快往天上看！」

楊永樂停住腳步，抬頭望去，他吸了口氣說：「嚯！這麼多！」

他舉着網子東躥西跳，嘴裏還喊着：「快捉呀！快來幫我捉一隻！」

我跑過去，揮舞着雙臂去捉那些蝴蝶。

真奇怪啊！看起來只要隨手一抓就可以到手的蝴蝶，我們卻一隻也捉不到。白色的網子在蝴蝶羣裏晃來晃去，每次眼看着就要捉到時，蝴蝶卻都溜走了。

我們倆已經跑得筋疲力盡，一屁股坐到了地上，慈寧宮花園此刻安靜得要命。

蝴蝶們飛得越來越低，當我們緩過神來的時候，已經被黃蝴蝶包圍了。牠們像完全沒看到我們似的，蹭着我們的耳朵、鼻子、臉頰飛過。黃色的翅膀、黃色的身體，連眼珠都是黃色的……

啊！我被這耀眼的顏色弄得眼花繚亂了。我不由得閉上了眼睛，只聽見耳邊似乎有上百隻蝴蝶「呼啦、呼啦」扇動翅膀的聲音。

「這是甚麼？」楊永樂在旁邊小聲嘟囔。

我睜開眼睛，嚇了一跳。

蝴蝶們不見了，上百隻黃蝴蝶就在我閉眼的一瞬間全部消失了。樹蔭下，只剩下一股淡黃色的煙霧。難道蝴蝶化成煙了？

「好香啊！」楊永樂猛地吸了幾下鼻子。

我也學着他的樣子，沒錯，那些黃色的煙霧散發出一股香甜的味道，這味道就像是蛋糕房裏散發出的甜香味。

「你看那邊！」楊永樂指着不遠處的樹叢說。

我順着他的手望過去，樹叢後面不知道甚麼時候擺上了一張桌子，一羣穿着黃色裙子的女孩子圍坐在桌旁。

我驚訝得連呼吸似乎都停止了。

女孩子們像是突然看到了我們，一邊調皮地笑着，一邊使勁朝我們揮手。

「我們要過去嗎？」

楊永樂點點頭，說：「過去看看吧！」

我往後躲了躲：「不會是甚麼陷阱吧？」

他笑了：「你沒看出來嗎？她們就是那些蝴蝶變的。蝴蝶那麼柔弱的昆蟲，能設甚麼陷阱呢？」

我想了想，覺得他說的有道理，就和他一起朝着樹叢走過去。

女孩子看見我們來了，都高興地笑了。她們的年齡看起來還沒有我和楊永樂大，就像在學校操場上跑來跑去的那些二三年級的小學生。她們的臉白白的，胖乎乎的，很可愛的樣子。

「餓了嗎？」

「對啊，跑了這麼久，肚子餓了吧？」

「看這個女孩子，多瘦啊……」

…………

女孩們圍着我們七嘴八舌地問了起來。

這時候，我和楊永樂才發現，桌子上擺滿了各種好吃的：像圓月亮一樣的布丁，澆着好多蜂蜜的甜餅，鬆軟的檸檬蛋糕，冒着熱氣的蜂蜜茶……

「吃點東西吧！」

「可好吃了……」

「嚐嚐！快嚐嚐！」

…………

有的女孩把盤子準備好，有的給我們倒茶，有的幫我

們把點心夾到盤子裏。

「這個布丁特別好吃！」

「檸檬蛋糕是剛出爐的。」

「茶要熱的才好喝，快喝吧！」

…………

我們面前的盤子裏，不一會兒就堆滿了香噴噴的點心。我的肚子突然餓得「咕嚕嚕」直叫，雙手不由自主端起了玻璃杯。蜂蜜茶冒着熱氣，彷彿是一抹陽光被盛進了玻璃杯，看起來十分誘人。

真的能喝嗎？我斜着眼睛看楊永樂，他已經自顧自地吃起了布丁。

「真好吃！」楊永樂大口大口地吃着。我有點兒吃驚，楊永樂可不是貪吃的人，可是他吃布丁的樣子就像是好久沒吃過東西一樣。

這時候，我突然想起了動畫片《千與千尋》。楊永樂現在的樣子，和千尋的父母坐在靈異小鎮上大吃的樣子太像了。他們因為吃了神靈的食物，變成了豬。

楊永樂吃了蝴蝶的食物，會不會變成蝴蝶，再也變不回人了呢？

我愣了一下，慌亂地搖着腦袋，「啪」地把玻璃杯扔到了地上說：「我不要！」

楊永樂驚訝地看着我，嘴裏還含着沒吃完的布丁。我把他的盤子搶過來扔得遠遠的：「別吃了！蝴蝶的食物不能吃！」

　　看着我一連串的動作，穿黃裙子的女孩們居然笑了起來，「哈哈哈哈」的笑聲一點兒也不讓人感到愉快，相反，在我聽來這聲音簡直讓人覺得恐怖！

　　我像彈簧似的站了起來，拉住楊永樂的手說：「我們快走吧！」

　　可是他動也不動地坐在那裏，跟着女孩們一起笑。

　　「真開心啊！」他一邊笑一邊說，「身體輕飄飄的，好像要浮起來似的。」

　　說着，他唱起了歌，還在草地上跳起了舞。

　　「你怎麼了？到底是怎麼了？」我一步一步地往後退去，嚇得渾身發抖。

　　楊永樂仍然不停地蹦呀蹦，旋轉着跳舞。

　　「太好了！太好了！」女孩們為他鼓掌，透明袖子上黃色的花粉像顏料一樣掉了下來。

　　糟糕！楊永樂要變成蝴蝶了！

　　這時候，女孩們唱起歌來：

快變啊，快變啊！
你就是那第一百隻蝴蝶，

一百隻蝴蝶，一隻也不能少，

百蝶壽字圖，

一百隻蝴蝶，一隻也不能少，

…………

楊永樂在這歌聲中不停地旋轉，跳個沒完……不知不覺中，他的上衣變成了黃色，再跳一會兒，褲子和鞋子也都變成黃色了！

來不及了！要來不及了！我急得團團轉，頭上滿是汗。

就在楊永樂的眼睛變成黃色的時候，我突然冷靜了下來。現在不是着急的時候，要趕緊想出辦法救楊永樂才行。

我一邊聽着蝴蝶們的歌，一邊轉動腦筋。

一百隻蝴蝶……

為甚麼是一百隻呢？

百蝶壽字圖……

聽起來好耳熟啊！我的眼睛亮了一下，我見過《百蝶壽字圖》！

在一次清朝宮廷畫的展覽上，我看到過一百隻蝴蝶拼成的大大的「壽」字。媽媽說「蝴蝶」的「蝶」與「耄耋」的「耋」字同音，所以古人都用蝴蝶的形象代表長壽。那張畫卷好像有一點點破損，當時我還覺得非常可惜。仔細

想一想，那破損的地方不正是一隻蝴蝶嗎？

啊！我一下子明白了。因為有一隻蝴蝶不見了，所以蝴蝶們要把楊永樂變成蝴蝶來替代牠呢！所以，牠們才會唱道：「你就是那第一百隻蝴蝶，一百隻蝴蝶，一隻也不能少……」

我拚命地在草叢中翻找起來。如果我猜得沒錯，《百蝶壽字圖》一定就在附近。

矮樹叢裏沒有……樹洞裏沒有……草地上沒有……

我滿身大汗地亂找一通，眼看着楊永樂的身體也要逐漸變成黃色，我連一秒鐘也不敢休息。

可是，蝴蝶藏的東西，沒有那麼容易被找到。直到楊永樂的手指尖都已經變成了黃色，我依然沒有找到《百蝶壽字圖》。

這可怎麼辦？我出了一身冷汗。天色越來越暗，楊永樂真的要變成蝴蝶了！

「在這裏！在這裏呢！」就在我急得團團轉的時候，突然聽到了輕得不能再輕的聲音。

我左看右看，發現聲音是從遠處一簇花叢那裏傳過來的。

我朝女孩們的方向望去，她們正衝着楊永樂唱歌，沒有人注意到我。於是，我飛快地跑到花叢裏。

啊！《百蝶壽字圖》被我找到了！它就藏在花根旁邊

呢！那上面只有一個細毛筆描出的「壽」字的輪廓，而「壽」字中原有的蝴蝶全都不見了。

我把畫卷藏在身後，放輕腳步跑到女孩們的身邊，然後飛快地展開了畫卷。

就像是一陣龍捲風吹過一樣，女孩們「呼」的一下飄了起來。她們飄啊飄啊，最後，像一片片樹葉似的被吸附到了畫卷裏，變成蝴蝶了。

身上所有的力氣彷彿在剛才那一刻全部用光了，我一下子暈倒在了草地上。

等我再睜開眼睛的時候，楊永樂躺在我的身邊，他身上耀眼的黃色正在一點一點地褪去。

我坐起來，不斷地向他吹氣。一直到黃色完全褪去，楊永樂才睜開了眼睛。

「出甚麼事了？」他似乎甚麼都不記得了。

「你差點兒變成蝴蝶！」

「蝴蝶？」

「誰讓你吃蝴蝶們的食物！」我生氣地說。

「啊！」他想起來了，「那個布丁啊，我說吃完怎麼覺得身體輕飄飄的⋯⋯你逮到黃色的蝴蝶了嗎？」

我點點頭，晃晃手裏的畫卷：「牠們都在這裏呢！不信，你看⋯⋯」

楊永樂的腦袋湊了過來，我小心翼翼地打開《百蝶壽字圖》。就在這時，「呼啦」一聲，畫卷中的蝴蝶們又都飛了出來！

　　這下糟了！一不小心又把蝴蝶都放跑了！我急得直跳。

　　蝴蝶們像一團火焰，這團「火焰」很快蔓延到了遠處的花叢中。牠們像是累了，全都落在花叢中不動了。

　　我舉着畫卷輕手輕腳地走過去，卻發現，哪裏還有甚麼蝴蝶？那如夢境般美麗的黃色，是一片盛開的黃牡丹花。

　　我垂着手，呆呆地愣在那裏。

　　楊永樂的聲音從我背後傳來：「續品傾城。」

　　「你說甚麼？」我眨了眨眼睛。

　　「這些黃牡丹有個好聽的名字，叫『傾城』呢。」他指着旁邊一塊小木牌說。

　　「傾城」，美得讓整座城市的人都為之傾倒。

　　「嗯。」我點點頭，站在這簇被叫作「傾城」的牡丹花前，直到天空黯淡下來。

　　「有此傾城好顏色，天教晚發賽諸花。」

　　第二天，一場春天罕見的大風吹過，「傾城」的花瓣像黃蝴蝶一樣漫天飛舞。

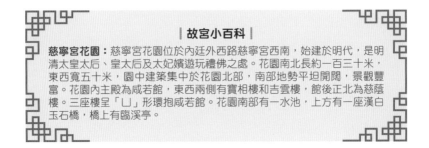

｜故宮小百科｜

慈寧宮花園： 慈寧宮花園位於內廷外西路慈寧宮西南，始建於明代，是明清太皇太后、皇太后及太妃嬪遊玩禮佛之處。花園南北長約一百三十米，東西寬五十米，園中建築集中於花園北部，南部地勢平坦開闊，景觀豐富。花園內主殿為咸若館，東西兩側有寶相樓和吉雲樓，館後正北為慈蔭樓。三座樓呈「凵」形環抱咸若館。花園南部有一水池，上方有一座漢白玉石橋，橋上有臨溪亭。

10
洞光寶石丟失後

楊永樂每天早上睡醒後，總要先琢磨兩個問題，今天也不例外。

第一個問題：我昨晚睡在哪兒了？

看樣子是在失物招領處的小牀上，而不是養心殿的展品龍牀上或舅舅家裏。

第二個問題：今天星期幾？

星期三，還得去上學。

想到這點，他一下用被子蒙住頭。真是太殘酷了，為甚麼一個星期要上五天學，卻只有兩天是休息日呢？真不公平。

他勉強坐起來，開始穿衣服。他得起牀，否則舅舅就會用更粗暴的方式讓他起牀。穿着穿着，他突然覺得有點兒不對勁，好像少了點甚麼。用手一摸，脖子上空空的，那根繫着洞光寶石耳環的紅繩不知道甚麼時候消失了。

他一下子清醒過來，洞光寶石耳環不見了！甚麼時候丟的？丟在哪兒了？為甚麼一點兒印象都沒有？

他跳下牀，仔細搜尋牀上、牀下的每一個角落。沒有，連耳環的影子都沒有。他把搜索範圍擴大到整個失物招領處，然而，直到舅舅送他去上學的時候，他也沒有找到洞光寶石耳環。

「舅舅，你有沒有看到我的一條紅繩？」

舅舅皺起眉頭：「紅繩？別找甚麼玩具了，如果你今天再遲到，就是這星期的第二次了！」

「是……算了，沒事。」

他抓過書包，最後掃了一眼地面，便和舅舅一起走出失物招領處。

整整一天，他都在回憶洞光寶石耳環可能會掉在哪裏，老師說的話，他一個字都沒聽進去。

下午放學後回到故宮，一直到半夜，楊永樂都沒有離開失物招領處。他把那些貨架翻了個底朝天，連躲在貨架下面的死蟑螂都翻出來了，也沒找到洞光寶石耳環。

「你好好回憶一下，最後一次是甚麼時候戴着它？」

我一邊說，一邊幫他把貨架搬回原位。

「問題就在這裏，」他皺着眉頭，「我完全想不起來，你也知道，我每天都戴着它，連洗澡都不摘下來，怎麼會丟呢？」

「也許是繩子斷了。明天放學後我幫你在故宮裏其他地方找找看。」我拍拍手上的塵土說，「你別太擔心，我們還可以讓野貓、刺蝟、老鼠、烏鴉、麻雀、鴿子幫我們一起找，只要它還在故宮裏，應該就能找回來。」

他點點頭，表情並沒輕鬆多少。

我和他告別，回媽媽的辦公室睡覺去了。

楊永樂卻睡不着，他趿拉着鞋朝中和殿走去。每天晚上這個時候，怪獸角端都會在中和殿門口乘涼。

「我把洞光寶石弄丟了。」

楊永樂挨着角端坐下。角端扭過頭，他的嘴脣向上翻，腦門上的獨角在月光下閃着微光，像是一道半掩的門，通向一個楊永樂永遠無法進入的世界。

「@#￥%……」

角端說了句甚麼，楊永樂沒有聽懂。這讓他有點兒想哭，果然，在失去洞光寶石耳環以後，他聽不懂怪獸的語言了。

角端也顯得很沮喪，不知道是因為自己的朋友楊永樂丟了洞光寶石而難過，還是因為他也遇到了甚麼倒霉事。

「你知道我的洞光寶石丟在哪兒了嗎？」問的時候，楊永樂並沒有抱甚麼希望。這位怪獸博士雖然知道世界上發生的所有事情，但唯獨不知道丟的東西在哪兒。連他自己的東西丟了，都還要找楊永樂幫忙。

果然，角端搖了搖頭。

楊永樂和角端幾乎同時歎了口氣，抬頭望向月亮。

「我真希望自己也是怪獸！」楊永樂說，「做個普通人

沒意思極了。」

角端看了他一眼，發出一聲古怪的聲音。

楊永樂也看着角端。他突然發現，角端的皮膚上裂開了一道小口子。剛開始很小很小，像一條細縫兒，但很快，那黑色的裂口就在他眼前越裂越大，直到貫穿了角端的整個身體。

楊永樂捂住嘴，天啊，角端的皮膚裂開了！

這時，角端的身體裏邊有了動靜，從皮膚中間的口子裏，透出一道金色的、耀眼的光亮。那光亮越來越刺眼，突然，一樣東西從角端的身體裏飄了出來，它好像完全是由光組成的，輪廓並不清晰，但楊永樂一眼就認出那就是角端，或者說是角端的靈魂之類的東西。

「你怎麼了？角端！」

那個光亮沒發出聲音。完全從角端的身體裏出來後，它飄到楊永樂的頭頂停住了。楊永樂感到它碰了一下自己的腦門，一股暖融融的熱流便立刻穿過自己的身體。緊接着，他感覺到身體的某一個部分被打開了，楊永樂慢慢爬出了自己的身體。

這感覺怪極了。他邁開步子，把身體扔在一旁，就像剛剛脫下一件襯衫。楊永樂看到自己純白色的亮光，很好看，很聖潔的樣子。兩個靈魂都飄浮在半空中，面對面。

接着，角端的靈魂飄向楊永樂的身體，而楊永樂的靈魂則向角端那巨大的身體飄去。

我要變成一個怪獸了！我要變成角端了！楊永樂心裏想，這一刻他突然甚麼都明白了。他進入角端的身體，裏面很溫暖。楊永樂坐在裏面，把雙臂伸進角端的前腿，然後把雙腿伸進角端的後腿。幾乎同時，角端皮膚上的裂口飛快地癒合。而旁邊的角端也已經融入楊永樂的身體，成為一個男孩。

「感覺怎麼樣？」那個男孩走過來問。

「還不錯。」楊永樂回答，並站起來走了幾步，用四隻腳走路比用兩隻腳穩當多了。他能看到自己腦門上的獨角，他身上的鱗片就像是清爽的速乾衣。沒錯，他變成角端了，而角端變成了男孩楊永樂。

「那就好。」男孩說，「正好我在為當怪獸苦惱，咱們兩個就換上一陣子吧。」

說完，男孩站起來伸了個懶腰，快步離開了中和殿廣場。楊永樂聽到他以前的自己小聲地哼着歌。

楊永樂實在太激動了，他成了一個怪獸，真正的怪獸！他離開中和殿，在故宮裏到處溜達。這是一個透着寒氣的春夜，但身上的獸皮讓他感覺很暖和。月光照射在宮殿金黃色的琉璃瓦上，他走到牆邊，一縱身就跳上了屋頂。

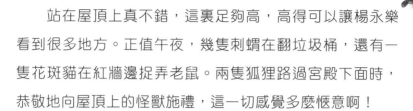

　　站在屋頂上真不錯，這裏足夠高，高得可以讓楊永樂看到很多地方。正值午夜，幾隻刺蝟在翻垃圾桶，還有一隻花斑貓在紅牆邊捉弄老鼠。兩隻狐狸路過宮殿下面時，恭敬地向屋頂上的怪獸施禮，這一切感覺多麼愜意啊！

　　一隻蝙蝠飛到他身邊，都不敢抬頭看他的眼睛。

　　「角端大人，您是無所不知的怪獸，我能問您一個問題嗎？」

　　「問吧。」楊永樂故意壓低了聲音。他發現向上翻的嘴唇一點兒都不影響他說話。

　　「我們蝙蝠是不是夜間飛行速度最快的動物呢？」

　　楊永樂一愣，這個他怎麼知道？可是，幾秒鐘之後，他突然意識到他真的知道。角端的大腦正像一台電腦，飛快地調出所需要的知識，告訴他答案。

　　「你們不光是夜間飛行速度最快的動物，也是世界上水平飛行速度最快的動物，連雨燕也不是你們的對手。」楊永樂回答。

　　蝙蝠對這個答案很滿意：「謝謝您，角端大人，您果然是知識淵博的怪獸。」

　　說完，他飛快地衝向了夜空。

　　楊永樂微微一笑，他很喜歡被別人尊重的感覺。這是他在舅舅家和學校都感受不到的，做一個地位尊貴的大怪

獸可真不錯。

　　他跳下屋頂，昂首挺胸地往前走。不久，他就看見行什正在訓斥幾隻野貓。

　　「嗨，小貓們，我說過多少次了，不許走這條路。」行什大聲說。

　　「可是行什大人，這是我們回冰窖唯一的路啊。喵──」野貓小黑委屈地說。

　　「白天我不管，可是晚上這裏禁止通行，你們的腳步聲會打擾我看動畫片。」

　　「那我們怎麼回冰窖呢？喵──」虎斑貓胖虎問。

　　「可以翻牆。」

　　「這邊的宮牆太高了，上面的瓦片又是斜的，很難跳上去。喵──」

　　「那就搬家吧，為甚麼一定要住在冰窖呢？」行什一臉蠻橫。

　　「您……也太不講理了吧！喵──」

　　行什一下子瞪大眼睛：「你們最好不要等到我發脾氣時再離開！」

　　看到他這個樣子，幾隻野貓害怕地向後退了幾步，站在一旁。看到這一幕，楊永樂忍不住了：「我說行什，你不要太霸道。」

行什吃了一驚，看到是角端在說話後，他露出微笑：「是角端啊，你今天怎麼來這邊遛彎兒了？」

「碰巧路過這裏，就看見你不講理的老毛病又犯了，趕緊讓野貓們回家吧。」

行什冷冷地說：「你今天有點兒不對勁啊！我們的怪獸博士是從來不多管閒事的，尤其是我的閒事。」

楊永樂也知道，雖然角端博學多才，心地善良，卻很怕惹麻煩。但楊永樂可不一樣，他最看不慣的就是以大欺小，尤其是今天，他感到自己很強大。

「你最好管管自己的脾氣。」楊永樂不客氣地說，「別給我們怪獸丟臉。」

「你說甚麼？」行什的眉毛都豎了起來。

「我說，我覺得你很丟臉。」楊永樂儘量保持語氣平靜，「我想如果龍大人知道今天的事情，也會這麼想。」

行什低吼了一聲：「你今天想打架嗎？」

楊永樂往前邁了一步，眨了眨眼睛說：「你知道的，我不喜歡打架，但是如果打架能讓你變得謙遜一些，我倒願意試試。」

角端打架是甚麼樣子？說實話，楊永樂也不知道。故宮裏應該還沒有誰見過這位愛好和平的怪獸博士打過架。

行什倒吸了一口冷氣，角端發怒的樣子讓他覺得非

常意外。在他的印象裏，角端和他不一樣，從來不用拳頭說話。

「好吧，今天看角端的面子，讓你們過去吧。」行什讓步了，他側過身，讓幾隻野貓穿過甬道。

野貓們感激地向楊永樂施禮。

「其實用東院小會議室裏的投影儀更適合看動畫片。」臨走前，楊永樂告訴氣鼓鼓的行什，「那裏安靜，還沒人打擾，屏幕又大又清晰，網速也快。」

第二天早上，楊永樂在太和殿的龍椅前醒來。在他的面前，故宮的工作人員正在做着開館前的準備。大家都在趕時間，亂作一團。不一會兒，他看到了他以前的身體，裏面是怪獸角端的那個男孩正在穿過太和殿前的廣場去上學。男孩角端看樣子迷迷糊糊的，書包耷拉在身體一側的肩膀上，像個牽線木偶一樣被他舅舅拖着走。

怪獸楊永樂半瞇着眼睛，昨天和行什吵過一架後，他覺得有些累。等到一會兒遊客們湧進來後，他準備好好地打個盹兒。

白天飛快地過去了，除了睡覺，就是看眼前的遊客，不用學習，也感覺不到肚子餓，楊永樂覺得這樣的生活還不錯，就是稍稍有點兒無聊。

天色暗了下來。孩子們放學了，李小雨和男孩角端

一起走過太和殿。在教室上課、被老師批評、在操場上打鬧，這樣過了一天後，男孩角端看樣子累壞了。楊永樂很好奇，角端對他的男孩生活感覺怎麼樣。

月亮剛剛爬上樹梢，角端就來找楊永樂了。

「在被大家發現前，我們必須換回來。」男孩角端悄聲說，「我怎麼說你就怎麼做。」

楊永樂沒有選擇，儘管他還想再做一陣子怪獸，但這個時候他只能聽角端的。男孩角端握住他腦門上的犄角，把它往下拉。楊永樂感覺到身體正在被拉開，他從怪獸的身體裏走了出來，幾乎在同時，角端那團金色的光也從男孩身體裏滑脫出來。兩團光亮飄向對方，然後鑽回到各自原來的身體裏。

楊永樂從頭部滑進男孩的身體，一開始感覺有些不自在，他重新站起來時兩腿直顫，這個身體好像比昨天又長大了一點兒。他走到怪獸角端身邊坐下。

角端倒是很快就適應了自己原來的身體。

有那麼一會兒，他們誰都沒說話，只是看着對方。

「謝謝你。」角端先開口了。

楊永樂吃驚地發現，自己又能聽懂這個怪獸的語言了。

「謝謝你讓我有機會當一回人類，這讓我學到了很多東西。」角端說，「人類的生活很有趣，這段經歷以後會對我

有用的。」

　　「不，我應該謝謝你讓我當了一天的怪獸，這是我一直以來的願望。」楊永樂微笑着說。

　　「我得到的比你多，最重要的是，你替我和行什吵了一架。太痛快了！」

　　「你知道這件事？是很痛快。」楊永樂有點兒得意，「不過，你能不能告訴我，我為甚麼又能聽懂你說話了？」

　　「這很正常，因為你做過怪獸了，哪怕只做了一天，你的身體裏也已經有了怪獸的基因。」角端眨了眨眼睛。

　　「你早知道會這樣？」楊永樂驚呼。

　　「是的。」

　　楊永樂一把摟住角端的脖子：「謝謝你！角端！你不愧是我最好的朋友！」

　　「不客氣。」角端不好意思地小聲說。

故宮小百科

中和殿：故宮外朝三大殿之一，位於紫禁城太和殿、保和殿之間，它是三大殿中面積最小的。中和殿始建於明永樂十八年（1420年）。明初稱華蓋殿，嘉靖遇火災重修後改稱中極殿，1655年清皇室改中極殿為中和殿。殿名取自《禮記·中庸》：「中也者，天下之本也；和也者，天下之道也」之意。

中和殿平面呈正方形，屋頂為單簷四角攢尖，屋面覆黃色琉璃瓦，中為銅胎鎏金寶頂。殿四面開門，正面有十二扇門，東、北、西三面各有四扇槅扇門，門前石階東西各一出，南北各三出，中間為浮雕雲龍紋御路，踏跺、垂帶淺刻卷草紋。殿內設有寶座，兩旁陳列着兩個供皇帝在宮內行動的肩輿。寶座上方的內簷下懸掛乾隆帝御題「允執厥中」匾額，兩側柱子上掛有乾隆帝御題對聯：「時乘六龍以御天所其無逸，用敷五福而錫極彰厥有常。」

中和殿有以下幾種用途：第一，明清兩朝在太和殿舉行各種大典前，皇帝先在中和殿小憩，並接受執事官員的朝拜；第二，遇到皇帝需要親自進行祭祀的典禮（祭天地、先農等），他要在前一天在中和殿閱視祝文，檢查祭祀所需的物品；第三，皇太后上徽號時，皇帝在此閱視奏書；第四，清朝每七年修一次玉牒（即皇家家譜），修改完畢的玉牒要送進中和殿給皇帝閱覽，並舉行隆重的存放儀式。